SELBSTBEFREIUNG UND GEFAHRENUMGEHUNG

TECHNIKEN ZUR BEFREIUNG UND URBANEN GEFAHRENVERMEIDUNG

SAM FURY

Illustrated by

NEIL GERMIO

Übersetzt von

THE URBAN WRITERS

WARNUNGEN UND HAFTUNGSAUSSCHLÜSSE

Die Informationen in dieser Veröffentlichung werden nur zu Referenzzwecken veröffentlicht.

Weder der Autor, der Herausgeber noch irgendjemand anderes, der an der Erstellung dieser Publikation beteiligt ist, ist dafür verantwortlich, wie der Leser die Informationen verwendet oder welche Folgen sein Handeln hat.

INHALT

PLÄNE FÜR DEN ERNSTFALL

FLUCHT AUS DER GEFANGENSCHAFT

VORBEREITENDE MASSNAHMEN

AUTOS

VERHANDLUNG

DANKE FÜR IHREN EINKAUF

Wenn Ihnen dieses Buch gefallen hat, hinterlassen Sie bitte eine Bewertung dort, wo Sie es gekauft haben. Das bringt mehr, als die meisten Leute denken würden.

Weitere deutschsprachige SF Nonfiction Books finden Sie unter:

www.SFNonFictionbooks.com/Foreign-Language-Books

Nochmals vielen Dank für Ihre Unterstützung .

EINFÜHRUNG

In diesem Buch finden Sie überlebenswichtige Tipps und Fertigkeiten, um einer Entführung oder Gefangenschaft zu entgehen oder zu entkommen. Es ist randvoll mit Spezialwissen von Kommandosoldaten und Geheimagenten, angepasst für den Durchschnittszivilisten.

Theoretisch kann jeder entführt werden, allerdings gibt es einige Personengruppen, die besonders gefährdet sind.

- **Frauen.** Das Hauptziel von Triebtätern und die wahrscheinlichsten Geiseln bei einem entgleisten Verbrechen.
- **Kinder.** Ziele für Triebtäter und/oder für Lösegelderpresser.
- **Personen des öffentlichen Lebens** (Politiker, Prominente). Ziele für Lösegelderpresser.
- **Touristen.** Westliche Touristen sind besonders gefährdete Ziele für Lösegelderpresser in Entwicklungs- oder politisch instabilen Ländern

Die Tipps in diesem Buch könnten für Sie und Ihnen nahestehende Personen in einer Gefahrensituation den entscheidenden Unterschied machen, ob zuhause oder im Ausland. Sie finden hier außerdem Informationen zur Vermeidung von Diebstahl und anderen Verbrechen.

Dieses Buch ist Teil einer zweiteiligen Reihe.

Teil 1. Selbstbefreiung und Gefahrenumgehung

Dieser Teil gibt Auskunft über Methoden, mit denen Sie es vermeiden können, zu einem Opfer zu werden. Zur Vermeidung von Gefangenschaft gibt es fünf grundlegende Regeln:

1. Seien Sie aufmerksam.
2. Vermeiden Sie Gefahr.
3. Seien Sie kein attraktives Ziel.
4. Planung und Vorbereitung sind das A und O.
5. Tragen Sie praktische Gegenstände bei sich.

Die Regeln 1, 2 und 3 sollen Gefahrensituationen verhindern. Die Regeln 4 und 5 stellen sicher, dass sie bereit sind, wenn doch einmal etwas geschieht.

Teil 2. Gefangenschaft entkommen

Wenn die fünf Regeln zur Vermeidung von Gefangenschaft versagen, ziehen Sie die Informationen aus diesem Teil zurate, um Ihre Flucht zu planen und auszuführen.

Hier finden Sie spezifische Fluchttechniken (Schlösser knacken, improvisierte Sprengstoffe, unauffällige Fortbewegung, Verhandlung mit dem Feind, etc.) und weitere hilfreiche Informationen.

Aktives Handeln und Anpassungsfähigkeit

Bei Aktion und Anpassung geht es darum, wie Sie das anwenden, was Sie in diesem Buch lernen.

Wenn es darum geht, Gefangenschaft zu vermeiden oder zu entkommen, gilt: je eher Sie handeln, desto besser. Dies lässt sich auch auf jede Phase des Lernprozesses anwenden:

- Lernen Sie, das Gelernte zu üben und zu trainieren und lernen Sie auch sich selbst kennen.
- Machen Sie die Hinweise aus Teil 1 zur Gewohnheit, um Gefahren zu vermeiden.
- Handeln Sie sofort, sobald Sie in Gefahr geraten (mit den Tipps aus Teil 2), damit Sie die Chancen zur Flucht maximieren.

Das Konzept des sofortigen Handelns ist grundlegend. Wenn Sie zögern, verschenken Sie Ihre Gelegenheiten. Sobald Sie die Warnsignale wahrnehmen, sollten Sie sich distanzieren. Bewahren Sie die Ruhe und folgen dem Plan.

Wenn Sie entführt werden, fliehen Sie bei der ersten Gelegenheit. Je länger Sie zögern, desto schwieriger wird es für Sie. Sie werden bewacht werden, Ihre Hilfsmittel werden Ihnen abgenommen und Ihre Kraft (sowohl geistig als auch körperlich) wird mit jeder Minute abnehmen.

Anpassungsfähigkeit bedeutet, das anzuwenden, was Sie gelernt haben, sobald die Situation es erfordert. Die Dinge werden niemals ganz so verlaufen, wie Sie es planen. Seien Sie bereit, jedes Hindernis zu überwinden, sobald es auftaucht.

DAUERHAFT UNTERTAUCHEN

SEIEN SIE AUFMERKSAM

Aufmerksamkeit bedeutet, aktiv alles wahrzunehmen, was um Sie herum geschieht.

Das bringt zwei Vorteile mit sich:

- Es erlaubt Ihnen, frühzeitig Warnsignale für potenzielle Gefahren zu erkennen.
- Sie werden zu einem weniger attraktiven Ziel.

AUFMERKSAMKEIT SCHULEN

Aufmerksamkeit zu schulen ist nicht kompliziert, allerdings erfordert es Disziplin, sich nicht ablenken zu lassen. Eine Möglichkeit, dies zu üben, ist, leise mit sich selbst zu sprechen. Schauen Sie sich um und erzählen sich selbst, was Sie sehen, hören, riechen, etc. Dabei können Sie auf einige Dinge besonderes Augenmerk legen:

- Nervöse Tiere. Tiere nehmen Gefahren oft viel früher wahr, als Menschen.
- Orientierungspunkte. Merken Sie sich Auffälligkeiten in Ihrer Umgebung als Orientierungshilfe und Treffpunkt.
- Fluchtwege. Sie sollten immer Ihren besten Ausweg kennen.
- Potenzielle Gefahren.
- Potenzielle Waffen. Machen Sie Gebrauch davon, wenn Sie angegriffen werden.
- Verdächtige Menschen. Achten Sie auf nervöses oder hastiges Verhalten.
- Verdächtige Fahrzeuge. Merken Sie sich Nummernschilder und das Aussehen der Fahrzeuge.
- Merkwürdige Geräusche, Gerüche, etc.
- Ungewöhnliches Verkehrsaufkommen. Dies könnte darauf hindeuten, dass Menschen vor einer Gefahrenquelle fliehen.
- Alles, was Ihnen nicht normal vorkommt.

Positionieren Sie sich stets so, dass Sie Ihre Umgebung optimal überblicken können, beispielsweise mit dem Rücken zur Wand und dem Blick Richtung Eingang.

Wenn Ihre Aufmerksamkeit anderweitig beansprucht wird, zum Beispiel während eines Telefonats oder eines Gesprächs, sehen Sie sich alle 10 Sekunden um, ob Ihre Sicherheit gewährleistet ist.

Informieren Sie auch Personen, denen Sie vertrauen, über Ihre Reiserouten und melden Sie sich regelmäßig bei ihnen. Gehen Sie sicher, dass diese Personen wissen, was zu tun ist, falls Sie sich nicht melden.

Es mag Ihnen zu Beginn schwierig erscheinen, die Aufmerksamkeit für Ihre Umgebung zu schulen. Es wird Sie viel mehr Hirnkapazität kosten, als Tagträumen oder aufs Handy zu starren, aber wenn Sie weiter üben, wird es schnell zur Gewohnheit.

Verwandte Kapitel:

- Sammelpunkte

GEFAHREN VERMEIDEN

Das Verbrechen lauert immer und überall, aber es gibt Zeitpunkte und Orte, an denen das Risiko besonders groß ist. Einige Beispiele sind:

- Tagsüber ist es generell sicherer als nachts.
- Die Verbrechensrate steigt während der Ferien und Wahlperioden können zu gewalttätigen Protesten führen.
- Isolation macht Sie zu einem leichten Ziel, aber an besonders belebten Orten müssen Sie mit Taschendieben rechnen.
- Eine Kabine ist auf der Herrentoilette stets sichererer als ein Urinal.
- Einige Orte bergen ein höheres Gefahrenpotential (Kanada vs. Somalia, Vorstadt vs. Slums).
- Grenzübergänge und Straßensperren.
- Geldautomaten an der Straße. Gehen Sie in eine Bank oder ein Einkaufszentrum, wenn möglich.
- Seitengassen und andere versteckte Orte.

Wenn Sie die Wahl haben, ziehen Sie stets die sichere Option vor. Hier sind einige Richtlinien dafür:

- Vermeiden Sie isolierte Orte, selbst in Gebäuden. Beispiele: Waschkeller, Tiefgaragen.
- Informieren Sie sich über die Fahrpläne der öffentlichen Verkehrsmittel, um Ihre Wartezeit auf der Straße zu minimieren.
- Sitzen Sie in der Nähe des Ausgangs, allerdings so, dass Sie sehen können, wer hereinkommt.
- Sitzen Sie in Transportmitteln am Gang.
- Halten Sie sich in der Nähe von „sicheren" Personen auf, wie zum Beispiel Sicherheitspersonal, Familienmitglieder oder Busfahrer.
- Halten Sie sich in gut beleuchteten Umgebungen auf.
- Vermeiden Sie potenziell gefährliche Menschengruppen, beispielsweise Betrunkene oder männliche Jugendliche.
- Laufen Sie in die Gegenrichtung des Verkehrs.
- Bleiben Sie auf der Mitte des Gehsteigs, damit Sie weder zu nah an vorbeifahrenden Autos, noch an Hinterhalten sind.
- Die zweiten und dritten Stockwerke von Gebäuden sind stets die sichersten, besonders in Hotels und Mietwohnhäusern. Das Erdgeschoss ist nicht sicher, während es ab dem vierten Stockwerk und aufwärts schwierig werden könnte, im Brandfall zu entkommen.
- Zimmer neben Notausgängen und Fahrstühlen sind gut, Zimmer neben Treppenhäusern nicht-

Wenn Sie das Gefühl haben, in Gefahr zu sein, suchen Sie einen sicheren Ort auf. Sichere Orte sind überall dort, wo Menschen sind, und wo es Überwachungskameras und/oder gute Beleuchtung gibt.

Je mehr dieser Faktoren zutreffen, desto besser. Finden Sie beispielsweise:

- Eine Polizeistation.
- Einen Supermarkt.
- Ein Einkaufszentrum.
- Eine Tankstelle.
- Ein volles Restaurant/Café oder eine Bar.

Nehmen Sie sich die Zeit, sich alle nächtlichen sicheren Orte in Ihrer Umgebung zu merken.

Verwandte Kapitel:

- Aufzüge

REISEN

Gefahren auf Reisen zu vermeiden, erfordert etwas mehr Aufwand. Das wichtigste ist dabei, gut informiert zu sein. Recherchieren Sie noch vor Ihrem Aufbruch Ihren Zielort, die dortigen Gebräuche und auch die dortigen Betrügereien. Vermeiden Sie gefährliche Gegenden und halten Sie sich wenn möglich an das Verhalten der Einwohner. Essen Sie beispielsweise das, was die Einwohner essen. Sie sollten sich auch unter diesem Link bei travel warnings anmelden:

https://subscription.smartraveller.gov.au/subscribe

Sobald Sie an Ihrem Zielort angekommen sind, ist es stets eine gute Idee, sich mit einem vertrauenswürdigen Einwohner anzufreunden, um Insider Informationen zu erhalten. Sie kennen die dortigen Gefahrenquellen, können Orte empfehlen, Ihnen Auskünfte über Preise geben, etc.

Wählen Sie Ihre Freunde jedoch mit Bedacht. Die örtlichen Servicemitarbeiter (Hotelrezeptionisten oder Kellner in nahegelegenen Cafés zum Beispiel) sind normalerweise sicher, aber man kann nie vorsichtig genug sein. Verraten Sie nie genaue Details über Ihre Reisepläne oder andere wichtige Informationen.

Wenn Sie mit den Anwohnern in Kontakt treten, kann es sehr helfen, ein paar Wörter in ihrer Landessprache zu verwenden und ehrlich zu lächeln. Lernen Sie, wie man „hallo“, „wie viel kostet das?“, „danke“ und „auf Wiedersehen“ sagt. Vermeiden Sie die Themen Religion, Politik und Geld. Falls Ihr Gegenüber diese Themen anspricht, seien Sie respektvoll.

Wenn Sie sich in risikobehafteten Gegenden aufhalten, sollten Sie den bekannten Touristen Hotspots fernbleiben (Hotels, Attraktionen, Restaurants, Märkte, etc.). Suchen Sie lieber die Alternativen auf, die auch von den Einheimischen frequentiert werden. Üblicherweise sind diese obendrein besser, weniger überlaufen, günstiger und wesentlich authentischer.

Im Falle eines terroristischen Anschlags halten Sie sich einige Tage lang von Botschaftsgebäuden fern, für den Fall, dass es einen weiteren Angriff gibt.

Verwandte Kapitel:

- Häufige Betrügereien und Kleindiebstahl

DIGITALE SICHERHEIT

Heutzutage ist jeder Amateurhacker mithilfe von grundlegender Software in der Lage, Ihre Daten zu stehlen. Nutzen Sie die folgenden Tipps, um sich online Stalker und Betrüger vom Hals zu halten.

Computer/Laptop

Decken Sie Ihre Webcam mit einem undurchsichtigen Klebeband ab, für den Fall, dass sich jemand anderes Zugang verschafft oder Sie bei einem Videoanruf vergessen, aufzulegen.

Loggen Sie sich immer aus Ihren Accounts aus (Online-Banking, Bestelldienste, etc.) und melden Sie sich von Ihrem Computer ab, bevor Sie ihn allein lassen. Dies gilt vor allem für öffentliche Orte, wie bei der Arbeit oder in der Schule.

Deaktivieren Sie ungenutzte USB Steckplätze, um zu verhindern, dass Hacker sogenannte „Plug-and-Play Gadgets“ verwenden können.

WIFI

Verbinden Sie sich niemals mit einem öffentlichen Hotspot, der keinen Login erfordert. Diese werden gern von Hackern im Zusammenhang mit Programmen wie WIFI Pineapple oder Ähnlichen verwendet.

Nutzen Sie ein VPN, um Ihre Internetaktivität in jedem fremden Netzwerk zu verschlüsseln, vor allem wenn Sie Geld überweisen, online einkaufen oder private Informationen per Mail verschicken. Noch größeren Schutz bietet ein TOR Browser:

https://www.torproject.org/download

Bleiben Sie dem Darknet fern, auch wenn Sie eine DSL Verbindung nutzen.

Sichere Passwörter

Ein gutes Passwort ist sicher, einzigartig, und leicht zu merken. Hier ist eine Methode, um mehrere sichere Passwörter zu kreieren:

Wählen Sie ein zufälliges Wort mit mindestens 6 Buchstaben, zum Beispiel „Panasonic".

Schreiben Sie nun einige Buchstaben des Wortes groß, andere klein und ersetzen Sie wieder andere durch Zahlen, Symbole oder neue Buchstaben. Sie sollten dabei jede Möglichkeit wenigstens einmal anwenden. In diesem Beispiel könnte das Endergebnis so aussehen: „P@nas0n1K"

Dies ist Ihr Basis Passwort.

Fügen Sie für jeden Account unterschiedliche Präfixe oder Suffixe zu dem Passwort hinzu. Diese sollten in irgendeiner Weise zu dem Account passen und alle dem gleichen Muster folgen.

Mit dem Beispiel Passwort von Oben könnten einige modifizierte Passwörter sein:

- Merrel - MLP@nas0n1K
- Chase - CEP@nas0n1K
- Robinhood - RDP@nas0n1K

Für noch mehr Sicherheit können Sie weitere Buchstaben hinzufügen oder das Wort noch mehr verschlüsseln. So könnten Sie zum Beispiel die Anzahl der Buchstaben der Firmennamen hintendran hängen. Das sähe dann so aus:

- Merrel – MLP@nas0n1K6
- Chase – CEP@nas0n1K5
- RObinhood – RDPnas0n1K9

Wenn Sie glauben, dass Sie sich Ihr Passwort nicht merken können, notieren Sie sich Ihr Basiswort (hier „Panasonic") und bewahren Sie es an einem sicheren Ort auf. Dann brauchen Sie sich nur noch Ihr Verschlüsselungsmuster zu merken.

Sicherheitshalber sollte Sie Ihre Passwörter einmal im Monat ändern. Damit dies leichter von der Hand geht, können Sie die folgenden Tipps befolgen:

- Erstellen Sie eine Liste aller Accounts, die ein Passwort benötigen.
- Wählen Sie einen Tag im Monat, an dem Sie diese durchgehen, um die Passwörter zu ändern.
- Ändern Sie Ihr Basiswort und das Präfix-Suffix Muster.

Wenn Sie das Gefühl haben, dass Ihr Passwort und/oder Verschlüsselungsmuster nicht mehr geheim sind, ändern Sie Ihre Passwörter so schnell es geht.

Verraten Sie niemals irgendjemandem Ihre Passwörter.

Es gibt noch weitere Dinge, die Sie unternehmen können, um Ihre Login-Sicherheit zu erhöhen.

Greifen Sie auf Einmal Passwörter (OTPs) zurück, die Ihnen per App zugeschickt werden können und nutzen Sie die Ihnen zur Verfügung stehenden Möglichkeiten, wie zum Beispiel den Fingerabdruck Scanner Ihres Handys.

Auch Sicherheitsfragen können den Schutz erhöhen. Diese werden noch nützlicher, wenn Sie bei den Antworten lügen. Sie können die gegenteilige Antwort geben, eine Variation Ihres Basispassworts oder einen Wortmix aus der tatsächlichen Antwort.

Social Media

Am sichersten ist es, überhaupt keine Social Media Accounts zu besitzen, aber einige Menschen haben keine Wahl.

Das Nächstbeste, was getan werden kann ist, darauf zu achten, was man teilt und vor allem mit wem.

- Nehmen Sie nicht wahllos Freundschaftsanfragen an.
- Posten Sie keine persönlichen Informationen.
- Posten Sie nichts, was Ihren Standort, Ihren Tagesablauf oder Ihre Abwesenheit von Zuhause preisgeben könnte.

E-Mail

Verschlüsseln Sie wichtige Informationen.

Löschen Sie E-Mails von unbekannten Absendern, ohne sie vorher zu öffnen. Scam E-Mails sind oftmals daran zu erkennen, dass der Betreff provokativ ist oder Emojis enthält, die E-Mail aus nichts außer einem Link besteht, oder dass der Absender schwer zu entziffern ist.

Öffnen oder downloaden Sie niemals verdächtige Links oder Anhänge.

Seien Sie auf der Hut vor Hochstaplern, die Ihnen beispielsweise Mails „von Ihrer Bank" senden. Geben Sie niemals persönliche Informationen preis oder loggen sich über einen Link in Ihren Account ein. Kontaktieren Sie stattdessen sofort die zuständige Firma.

Online Shopping

Wenn Sie online einkaufen, sollten Sie stets nur als Gast Account bezahlen. Wenn Sie sich auf einer Firmenwebsite anmelden und diese gehackt wird, sind auch Ihre Informationen in Gefahr. Wenn Sie unbedingt das „Gratis-Geschenk" für das Erstellen eines Accounts abgreifen wollen, sollten Sie dafür eine vorübergehende Mail-Adresse von einem Service wie Guerilla Mail nutzen:

https://www.guerrillamail.com

Telefon

Besorgen Sie sich eine nicht gelistete Nummer.

Antworten Sie stets mit einem einfachen „Hallo", anstatt Ihren vollen Namen zu nennen. Verfahren Sie genauso mit Ihrer Sprachansage.

Geben Sie Ihre persönlichen Daten niemals an unbekannte Anrufer weiter. Wenn der Anrufer behauptet, zu einer Firma zu gehören, fragen Sie nach der Nummer der Firma und rufen Sie sie zurück. Sie können auch selbstständig die Nummer über das Internet suchen.

Legen Sie bei Drohanrufen sofort auf. Reagieren Sie nicht. Wenn Sie weiterhin angerufen werden, sollten Sie die Polizei einschalten.

Um zu verhindern, dass Sie auffindbar sind (zum Beispiel von der Regierung), nehmen Sie die SIM-Karte und die Batterie aus einem entbehrlichen Telefon (falls Sie eins haben) und zerstören Sie es nach der Benutzung.

Updaten Sie Ihre Smartphone-Software.

Nutzen Sie ein VPN

Verraten Sie einem unbekannten Anrufer niemals, dass Sie allein sind.

Verwandte Kapitel:

- Stalker
- Fährtenlesen

HÄUFIGE BETRÜGEREIEN UND KLEINDIEBSTAHL

Dieses Kapitel beleuchtet die Vorgehensweisen, die von Kriminellen genutzt werden, um Menschen zu betrügen, auszurauben und/oder zu entführen, und zeigt, wie Sie sich schützen können.

Die Absicht des Buches ist nicht, Sie zum Zyniker zu machen. Die meisten Menschen wollen Ihnen nichts Böses, aber es ist dennoch nicht weise, jedem einfach so zu vertrauen. Vertrauen Sie Ihrem Urteilsvermögen, je nach Situation.

Ablenkung

Eine Ablenkung soll dafür sorgen, Ihre Aufmerksamkeit auf etwas Bestimmtes zu ziehen – auf eine bestimmte Person zum Beispiel. Während Sie abgelenkt sind, werden Sie bestohlen oder angegriffen. Situatives Bewusstsein kann Sie vor dem Schlimmsten bewahren.

Kollision

Irgendjemand wird absichtlich mit Ihnen zusammenstoßen und es so aussehen lassen, als sei es Ihre Schuld. Bei dem Zusammenstoß wird ihm oder ihr etwas „wertvolles“ herunterfallen oder anderweitig kaputtgehen und die Person wird darauf bestehen, dass Sie dafür aufkommen.

Eine andere Variante ist, dass jemand vor Ihr Auto läuft oder Sie sogar mit einem anderen Auto rammt. Sobald Sie aussteigen, wird Ihnen das Auto von einer dritten Person gestohlen oder Sie werden entführt.

Wenn Sie in eine solche Situation geraten, machen Sie der anderen Person sofort klar, dass Sie Bescheid wissen und nicht schuld sind. Seien Sie bestimmt, aber höflich. Wenn die Person nicht locker lässt, rufen Sie die Polizei.

Manchmal ist der Aufwand das Geld nicht wert. Wenn es sich nur um einen kleinen Betrag handelt, können Sie in Betracht ziehen, zu bezahlen.

Steigen Sie generell in so einer Situation niemals aus Ihrem Auto aus. Schalten Sie das Warnblinklicht ein und rufen die Polizei. Notieren Sie das Nummernschild der anderen Person und prägen Sie sich den Fahrer ein. Wenn jemand an Ihr Fahrzeug herantritt, sagen Sie, dass die Person Ihnen zu einem sicheren Ort folgen soll, wie zum Beispiel einer Polizeistation.

Honigtopf

Bei dieser Betrugsmasche wird eine attraktive Person (der Honigtopf) versuchen, sich mit Ihnen anzufreunden. Nach einiger Zeit werden Sie in ein Restaurant, eine Bar oder ähnliches gehen, wo es keine Preise auf der Karte gibt. Am Ende bekommen Sie eine saftige Rechnung ausgestellt und der „Honigtopf" erhält seinen Anteil.

Um zu verhindern, dass sie darauf hereinfallen, während Sie selbst versuchen, sich mit Einheimischen anzufreunden, sollten Sie Ihrem Reiseratgeber mehr vertrauen als jemandem, den Sie gerade erst getroffen haben. Außerdem sollten Sie nie etwas bestellen, ohne vorher den Preis zu kennen.

Hochstapelei

In diesem Szenario verkleidet sich jemand mit einer offiziellen Uniform und versucht so, sich Zugang zu Ihrem Haus zu verschaffen oder an Ihre Informationen zu gelangen. Dies kann Ihnen ebenfalls über das Telefon oder im Internet passieren, wenn jemand sich als Arbeitskollege, offizieller Beamter, Bankmitarbeiter o.Ä. ausgibt.

Ihre beste Verteidigung gegen Hochstapler ist, Ihren Instinkten zu vertrauen. Wenn irgendetwas nicht zu stimmen scheint, oder etwas zu schön ist, um wahr zu sein, nehmen Sie sich in Acht.

Geben Sie niemals Ihre persönlichen Informationen an jemanden weiter, der Sie anruft. Legen Sie stattdessen auf und rufen Sie das Unternehmen an, welches der Anrufer repräsentiert. Überprüfen Sie die Identität der Menschen. Wenn zum Beispiel ein Handwerker unangekündigt vor der Tür steht, rufen Sie die Firma an, um sicherzugehen, dass die Person wirklich ein Handwerker ist.

Der Gute Samariter

Wenn man jemanden in einer Notsituation trifft, ist die erste Reaktion meist, helfen zu wollen. Seien Sie jedoch vorsichtig. Nicht selten ist die „Jungfrau in Nöten" nur eine Ablenkung und ehe Sie sich versehen, werden Sie bestohlen, ausgeraubt oder schlimmeres.

Seien Sie besonders vorsichtig, wenn Sie jemandem in einer abgelegenen Gegend helfen. Wenn es sich um eine Autopanne handelt, ist es am besten, einen Autoservice zu rufen.

Wenn Sie sich dafür entschieden haben, jemandem zu helfen, geben Sie besondere Acht auf Ihre Habseligkeiten und ob Sie jemand hinterrücks angreift.

Zögern Sie nicht, wegzugehen, sobald Ihnen etwas nicht richtig vorkommt. Sie können versuchen, die Geschichte des Betroffenen zu verifizieren, indem Sie Fragen stellen.

Der umgekehrte Gute Samariter

In diesem Fall spielt der Betrüger den guten Samariter. Beispielsweise könnte Ihnen jemand signalisieren, an den Rand zu fahren, weil angeblich etwas mit Ihrem Auto nicht stimmt. Wenn kein offensichtlicher Notfall vorliegt, sollten Sie warten, bis Sie sich an einem sicheren Ort befinden, um den Schaden zu überprüfen.

Die Box

Hierbei wird eine Gruppe von Kriminellen versuchen, Sie zu umzingeln. Das kann auf dem Weg zu Ihrem Auto passieren oder sogar, während Sie im Auto sitzen. Um diese Situation zu verhindern, sorgen Sie dafür, dass Sie immer einen offenen Fluchtweg haben und rammen Sie sich den Weg notfalls frei.

Taxi Betrug

Es gibt viele Arten von Taxi Betrug. Sie gelten auch für jede andere private Art des Transports wie Tuk-Tuks. Die häufigsten Beispiele sind:

- Die längst mögliche Route fahren.
- Das Taxameter wird auf einen höheren Kurs gestellt.
- Mit dem Gepäck im Kofferraum wegfahren, sobald Sie ausgestiegen sind.
- Sie werden an einen Ort gebracht, wo kriminelle Freunde des Fahrers warten.

Es gibt verschiedene Wege, sich vor Taxi Betrügereien zu schützen:

- Nutzen Sie offizielle Taxis oder Dienste wie Uber und Grab.
- Nutzen Sie öffentliche Verkehrsmittel. Sie sind oftmals sicherer und immer günstiger.
- Lassen Sie sich nicht anwerben. Rufen Sie Ihr Taxi stets selbst.
- Reisen Sie mit wenig Gepäck, damit Sie nichts im Kofferraum verstauen müssen.
- Lernen Sie die Route oder tracken Sie sich selbst per GPS.
- Bestehen Sie auf Ihrem Ziel. Lassen Sie sich von dem Fahrer nicht zu einem „besseren" oder „günstigeren" Ort bringen.
- Gehen Sie sicher, dass sich die Tür von innen öffnen lässt.
- Bestehen Sie auf dem Taxameter und handeln Sie keine Preise aus.
- Prüfen Sie, ob der Führerschein zu dem Fahrer passt.
- Teilen Sie keine Taxis mit Fremden.

- Lassen Sie die Fenster oben und die Türen verschlossen.
- Fragen Sie vor der Fahrt in Ihrem Hotel, wie viel die Fahrt normalerweise kosten würde.
- Bei kleinen Streitigkeiten über den Preis ist es meistens besser, zu zahlen.
- Notieren Sie sich das Nummernschild (oder fotografieren es) und schicken Sie es jemandem, dem Sie vertrauen. Fotografieren Sie auch den Fahrer. Lassen Sie ihn sehen, dass Sie das tun. Sie können fragen, ob es für ihn in Ordnung ist. Wenn er widerspricht, sollten Sie ein anderes Taxi rufen.
- Sobald sich ein Fahrer Ihrer Wegbeschreibung widersetzt, steigen Sie bei der nächsten Gelegenheit aus.

Taschendiebe

Ein Taschendieb ist ein geübter Krimineller, der Dinge direkt aus Ihrer Tasche oder Ihrem Rucksack entwendet. So können Sie sich vor ihnen schützen:

- Die vorderen Hosentaschen sind stets der sicherste Ort, um Dinge bei sich zu tragen.
- Vermeiden Sie lockere Taschen.
- Verwenden Sie Taschen, die sich per Reißverschluss oder Knopf verschließen lassen.
- Ein Gummiband um Ihre Geldbörse sorgt dafür, dass es an Ihrer Tasche haftet.
- Lassen Sie Ihre Sachen nie unbeaufsichtigt, besonders am Strand.
- Seien Sie besonders vorsichtig in Menschenmengen, bei Geldautomaten und wenn eine Ablenkung erzeugt wird.
- Prüfen Sie Ihre Geldbörse nicht zu häufig, so verraten Sie nur, wo sie aufbewahrt wird.
- Verwahren Sie den Großteil Ihres Bargeldes in einer Tasche um Ihren Hals oder in einer Geheimtasche Ihrer Hose. Tragen Sie genügend Bargeld in der Tasche, dass Sie

das Geheimversteck in der Öffentlichkeit nicht preisgeben müssen.

- Geben Sie auf Ihre Armbanduhr acht, vor allem beim Händeschütteln.
- Einen Taschendieb in der Öffentlichkeit zu stellen, ist in der Regel ungefährlich. Er wird zwar alles abstreiten, aber wahrscheinlich nicht gewalttätig werden. Prägen Sie sich sein Aussehen gut ein, um es später der Polizei zu beschreiben.
- Wenn Ihre Geldbörse gestohlen wurde und Sie einen Anruf von der Polizei erhalten, um es abzuholen, rufen Sie immer ein zweites Mal zurück, um sicherzugehen, dass sie es wirklich haben. Wenn Ihr Portemonnaie von einem Fremden „gefunden" wurde, sperren sie trotzdem all Ihre Karten.

Taschenraub

Ein Taschenräuber ist wesentlich skrupelloser als ein Taschendieb und auch wesentlich gefährlicher. Bei ihm müssen Sie mit gewaltsamem Widerstand rechnen, da er sein Verbrechen nicht abstreiten kann.

Taschenraub ist ein weiter Begriff. Darunter fällt alles, was sie bei sich tragen können, auch Geldbeutel oder Mobiltelefone.

Das können Sie tun, um sich zu schützen:

- Tragen Sie einen Rucksack vorne an Ihrem Körper.
- Halten Sie die Tasche stets eng bei sich.
- Wenn Sie zu Fuß unterwegs sind, tragen Sie die Tasche auf der Seite, die der Straße abgewandt ist.
- Gehen Sie sicher, dass die Tasche gut verschlossen ist.
- Halten Sie in einer Toilettenkabine Ihre Tasche von der Tür fern. Wählen Sie eine Kabine mit einer festen Wand auf einer Seite.

Betrüger

Betrüger werden versuchen, Ihr Vertrauen zu gewinnen und es dann auszunutzen. Nach der Kennenlernphase werden Betrüger einen oder mehrere der folgenden psychologischen Tricks anwenden.

Gegenleistung. Wenn Ihnen jemand etwas gibt, steigt die Wahrscheinlichkeit, dass Sie der Person etwas zurückgeben werden. Dabei kann es sich um einen Gefallen, ein Geschenk, Geld, Informationen, etc. handeln. Der Betrüger wird Ihnen etwas geben und im Gegenzug etwas Größeres von Ihnen verlangen.

Ein Betrüger könnte Ihnen auch ungefragt helfen und hinterher Geld dafür verlangen. Dies kommt besonders häufig auf Reisen vor.

Eine kleine Bitte. Der Betrüger wird eine kleine Bitte stellen, die Sie sicherlich erfüllen werden. Während Sie sich daran gewöhnen, der Person behilflich zu sein, werden die Gefallen größer und größer. Eine weitere Herangehensweise ist, nach etwas Großem zu fragen, das Sie ablehnen werden. Anschließend werden Sie um etwas weniger Großes, vernünftiges gefragt, was das eigentliche Ziel war.

Herdentrieb. Menschen wollen von Natur aus Dinge tun, die andere auch tun. Der Betrüger wird Ihnen sagen, dass es „jeder tut", und dass Sie es auch sollten.

Seltenheit. Diese Betrugsmasche spielt mit Ihrer Angst, etwas zu verpassen – dass Sie besser etwas Bestimmtes tun oder kaufen sollten, bevor es nicht mehr verfügbar ist.

Verwandte Kapitel:

- Reisen
- Taschendiebstahl
- Lügen erkennen

SCHUTZRÄUME

Ein Schutzraum ist ein befestigter Ort in Ihrer Wohnung, an den Sie sich im Falle eines Einbruchs oder einer Katastrophe zurückziehen können.

Sie brauchen keinen speziell angefertigten Schutzraum. Hier erfahren Sie, wie Sie selbst einen einrichten können.

Wählen Sie den Raum

Verwenden Sie einen beliebigen Raum, der für alle Haushaltsmitglieder zugänglich ist. Berücksichtigen Sie Menschen mit eingeschränkter Mobilität, wie ältere Menschen, Behinderte und Kinder. Der Raum muss von innen verschließbar sein, aber unverschlossen bleiben, damit alle im Notfall darauf zugreifen können.

Ein Raum mit wenigen Ein- und Ausgängen ist am besten geeignet.

Sichern Sie den Raum

Nehmen Sie die folgenden Änderungen vor, damit Sie den Raum von innen sichern können:

- Feste Tür.
- Türriegel.
- Zusätzliche Barrikaden an Türen und Fenstern.
- Etwas, hinter dem in Deckung gehen kann, wenn Schüsse fallen.

Legen Sie einen Vorrat an

Halten Sie genügend Vorräte für Ihre Familie für mindestens drei Tage sowie einige Sicherheits- und Rettungsartikel bereit. Die absolute Grundlage sollte aus den folgenden Dingen bestehen:

- Mobiltelefon und Ladegerät.
- Taschenlampen und Ersatzbatterien.
- Erste-Hilfe-Kasten und verschreibungspflichtige Medikamente.
- Nicht verderbliche Lebensmittel.
- Wasser zum Trinken und für die Hygiene.
- Sanitärartikel.
- Eimer und Müllsäcke für Ausscheidungen.
- Waffen. (Angemessen verwahren.)
- Ein Bildschirm für Sicherheitskameras in Ihrem Haus.

Verwandte Kapitel:

- Sichere Eingänge

UMGANG MIT DER POLIZEI

Wenn Sie nicht gerade ein Opfer sind, das dringend Hilfe braucht, sollten Sie sich von der Polizei fernhalten. Es ist ein schmaler Grat zwischen "Zeuge" und "Verdächtiger", und wenn die Polizei beschlossen hat, Sie festzunehmen, sind Ihre Chancen auf eine Flucht gering.

Die wichtigste Regel im Umgang mit der Polizei lautet: Geben Sie keine Informationen preis, es sei denn, sie führen zur sofortigen Ergreifung eines gefährlichen Verbrechers (z. B. die Richtung, in die ein Schütze gerannt ist).

Seien Sie in Zeiten ziviler Unruhen besonders vorsichtig gegenüber der Polizei und anderen staatlichen Stellen. Es entsteht eine "Wir und sie"-Kultur, und es handelt sich um eine ausgebildete Gruppe mit Waffen.

Hier sind einige allgemeine Ratschläge für den Umgang mit feindseligen Polizisten. Berücksichtigen Sie das jeweilige Land und die Situation, in der Sie sich befinden.

Das Sollten Sie tun:

- Lassen Sie Ihre Hände dort, wo sie gut sichtbar sind.
- Fragen Sie, ob Sie festgehalten werden. Wenn nicht, gehen Sie weg. Wenn ja, bleiben Sie an einer Stelle stehen, bis Sie aufgefordert werden, sich zu bewegen.
- Geben Sie auf Verlangen Ihren Ausweis ab.
- Informieren Sie sich im Vorfeld über Ihre Bürgerrechte in dem Land, in dem Sie sich befinden (z. B. in Bezug auf Durchsuchung und Festnahme).
- Wenn die Polizei mit einem Haftbefehl bei Ihnen zu Hause ist, gehen Sie hinaus und schließen Sie die Tür hinter sich ab.

- Informieren Sie andere Personen über Ihre Festnahme. Je mehr, desto besser.
- Stellen Sie sicher, dass alle Beteiligten Freunde und Verwandten über das Schweigerecht informiert sind, und davon Gebrauch machen.
- Halten Sie Ihre Interaktionen mit der Polizei schriftlich und/oder auf Video fest.

Das Sollten Sie nicht tun:

- Weglaufen oder sich der Festnahme widersetzen, außer unter besonderen Umständen.
- Berühren Sie keine Polizeibeamten oder deren Ausrüstung.
- Machen Sie keine plötzlichen Bewegungen.
- Werden Sie nicht unhöflich. Stattdessen sollten Sie höflich klarstellen: "Tut mir leid, ich habe nichts weiter zu sagen".
- Erklären Sie sich niemals bereit, mit auf die Wache zu gehen, es sei denn, Sie werden verhaftet.
- Mischen Sie sich nicht unnötig in eine Situation ein.
- Stimmen Sie niemals freiwillig einer Durchsuchung Ihrer Person, Ihrer Wohnung, Ihres Autos oder Ihres Büros zu. Wenn doch eine Durchsuchung durchgeführt wird, sagen Sie laut und deutlich: "Ich stimme dieser Durchsuchung nicht zu", aber leisten Sie keinen körperlichen Widerstand.
- Gestehen Sie absolut niemandem gegenüber. Auch andere Häftlinge könnten Informanten sein. Besprechen Sie Ihren Fall niemals mit jemand anderem als Ihrem Anwalt.
- Lassen Sie sich nicht auf Vernehmungstaktiken ein.

Zu den üblichen Vernehmungstaktiken gehören:

- Lange Wartezeiten.
- Die Behauptung, dass sie Beweise haben, sodass Sie genauso gut gestehen können.
- Falsche Anschuldigungen, wenn Sie Fragen nicht beantworten.

- Die Behauptung, Ihre Freunde hätten bereits kooperiert oder gegen Sie ausgesagt.
- Geringere Strafe für ein Geständnis.
- Eine "Guter Bulle, böser Bulle"-Routine.

Verkehrskontrollen

Wenn ein Polizist Ihnen signalisiert, dass Sie anhalten sollen:

- Schalten Sie den Warnblinker ein und fahren Sie langsam an einen sicheren Ort. Ein sicherer Ort ist ein Platz abseits des Verkehrs, der gut beleuchtet ist und an dem es Zeugen gibt.
- Bleiben Sie in Ihrem Fahrzeug, schalten Sie das Radio aus, schalten Sie die Innenbeleuchtung ein und legen Sie Ihre Hände auf das Lenkrad.
- Bewegen Sie sich nur, wenn Sie dazu aufgefordert werden, und zwar langsam.
- Geben Sie niemals eine Straftat zu. Wenn Sie gefragt werden, ob Sie wissen, warum Sie angehalten werden, sagen Sie nein.
- Legen Sie keinen Widerspruch gegen eine Vorladung ein, die Ihnen der Beamte erteilt. Gehen Sie stattdessen später vor Gericht.

DAUERHAFT UNTERTAUCHEN

Es gibt einige Gründe, warum Sie dauerhaft untertauchen wollen könnten. Vielleicht müssen Sie sich zum Beispiel vor den Behörden, Gangstern oder einem Stalker verstecken. Wenn Sie darüber nachdenken, dies zu tun, sind hier einige Dinge zu beachten.

Wohin Sie gehen sollten

Vor wem du dich versteckst, hängt davon ab, wie weit du fliehen musst - in eine andere Stadt, ein anderes Bundesland oder ein anderes Land. Wählen Sie einen unerwarteten Ort, damit niemand auf die Idee kommt, dort nach Ihnen zu suchen.

Wenn Sie vor dem Gesetz fliehen, gehen Sie an einen Ort, der kein Auslieferungsabkommen mit Ihrem Land hat und wo es weniger staatliche Kontrollen gibt. Südostasien oder Lateinamerika könnten eine gute Wahl sein. Die Zeit ist entscheidend: Sie müssen verschwinden, bevor Sie auf eine Flugverbotsliste gesetzt werden.

Soziale Bindungen kappen

Es ist besser, wenn Sie dies langsam tun, damit die Leute keinen Alarm schlagen, wenn Sie schließlich verschwinden.

- Beginnen Sie, Freunde und Familie immer seltener zu sehen, bis es als normal angesehen wird, nichts von Ihnen zu hören.
- Löschen Sie Ihre Konten in den sozialen Medien.
- Kündigen Sie offiziell Ihren Job, damit sich niemand Sorgen macht, wenn Sie nicht mehr auftauchen.
- Sagen Sie allen, die sich Sorgen machen könnten, dass Sie in einen längeren Urlaub fahren und sich nicht melden werden. Sie können behaupten, eine Weile auf Smartphone und Internet verzichten zu wollen.

Reisen

Machen Sie Schein-Reisepläne mit Kreditkarten und führen Sie dann Ihre echten Pläne mit Bargeld durch.

Halten Sie Ihre Identität geheim

Sobald Sie offiziell "verschwunden" sind, müssen Sie Ihre alte Identität geheim halten.

- Heben Sie vor Ihrer Abreise schrittweise Ihr gesamtes Geld ab und bezahlen Sie alles bar.
- Verbrennen Sie alle Ihre Ausweise, Bankkarten usw.
- Halten Sie sich aus Schwierigkeiten heraus.
- Gehen Sie nirgendwo hin und unternehmen Sie nichts, wo Sie jemand nach Ihrem Ausweis fragen könnte (kein Autofahren).
- Mieten Sie direkt an Orten mit "zu vermieten"-Schildern und seien Sie ein perfekter Mieter.
- Vermeiden Sie Überwachungskameras. Wenn das nicht möglich ist, halten Sie den Kopf gesenkt und tragen Sie eine Sonnenbrille und einen Hut oder Kapuzenpulli.
- Lassen Sie Wasser laufen, wenn Sie das Gefühl haben, abgehört zu werden.

Kontaktaufnahme mit Ihrer Heimat

Kontaktieren Sie niemanden aus Ihrem alten Leben, es sei denn, es ist absolut notwendig. Wenn Sie es doch tun müssen, rufen Sie von einem Ort aus an, an dem Sie nicht wohnen, z. B. in einem anderen Bundesland.

Verwenden Sie ein Wegwerfhandy (ein Prepaid-Handy, für das Sie keinen Ausweis vorlegen müssen). Halten Sie den Anruf unter drei Minuten und sagen Sie nichts, was Ihren Standort oder Ihre Pläne verraten könnte.

Wenn Sie fertig sind, nehmen Sie den Akku und die SIM-Karte aus dem Telefon und zerstören es.

Verwandte Kapitel:

- Reisen

WERDEN SIE UNAUFFÄLLIG

Wenn Sie von vornherein kein offensichtliches Ziel sind, steigen Ihre Chancen, auch keins zu werden. Ein wichtiges Konzept für die Steigerung der eigenen Sicherheit in allen Lebenslagen ist, zum „grauen Mann“ zu werden.

Der graue Mann oder die graue Frau ist generell unauffällig und vermeidet die folgenden Dinge:

- Angeberei.
- Teure und/oder auffällige Kleidung, Schmuck, Smartphones oder eindeutige Erkennungsmerkmale wie Tattoos.
- Sich wie ein Tourist benehmen (Fotos machen, sich Karten anschauen, eine fremde Sprache sprechen, etc.)

Ein weiterer wichtiger Aspekt, um nicht zum Opfer zu werden ist körperliche Fitness. Wenn Sie auf den ersten Blick wirken, als könnten Sie sich wehren, weglaufen oder auch jemanden einholen und fangen, werden sie nicht so schnell zu einem Ziel.

Eine Kombination aus unauffälligem Auftreten, körperlicher Fitness und allgemeiner Aufmerksamkeit macht sie zu einem sehr ungünstigen Ziel. Die meisten Kriminellen werden sich nicht die Mühe machen wollen und lieber nach einem leichteren Opfer suchen – von denen es sehr viele gibt.

VERSTECKEN SIE IHRE WERTSACHEN

Wenn Sie den Anschein erwecken, als besäßen Sie nichts von Wert, senkt das die Gefahr eines Einbruchs in Ihr Haus oder Auto.

Bei dem Verstecken von Wertsachen sollten Sie das Verhältnis von Zugänglichkeit und Sicherheit berücksichtigen. Je länger es dauert, einen Gegenstand zu verbergen, desto länger wird es auch dauern, wieder an ihn heranzukommen. Das gilt sowohl für Sie als auch für Kriminelle.

Dinge, die Sie bei sich tragen

Wenn Sie im Freien unterwegs sind, sollten Sie keine unnötigen Wertsachen bei sich führen. Tragen Sie ein falsches Portemonnaie mit ein wenig Bargeld, einem abgelaufenen Ausweis (mit einer alten Adresse) und einer abgelaufenen Bankkarte bei sich.

Weiteres Bargeld und eine funktionierende Kreditkarte können sie insgeheim bei sich tragen zum Beispiel:

- In einer geheimen Tasche.
- In Ihrer Schuhsohle.
- In Ihre Kleidung eingenäht.

Um etwas in Ihrer Schuhsohle zu verstecken, müssen Sie zunächst den Absatz auf der Innenseite, unter Ihrer Einlage aushöhlen, anschließend die Aushöhlung ausfüttern und die Einlage wieder darauf kleben.

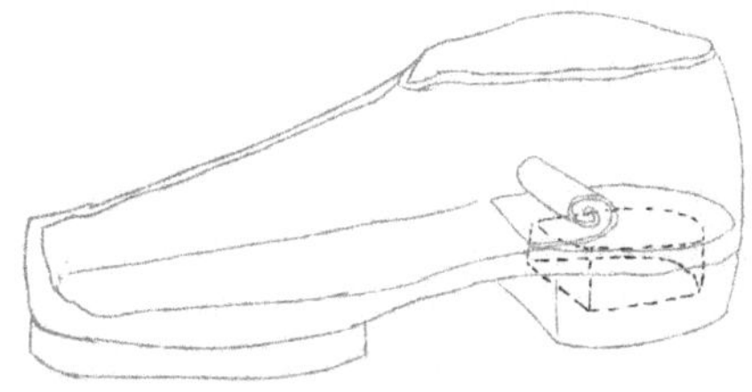

In Ihrem Auto

Lass Sie niemals Wertgegenstände sichtbar in Ihrem Auto zurück. Selbst Kleingeld kann Diebe anlocken. Sie sollten sie wenigstens unter einem Sitz oder im Handschuhfach verbergen.

Der Kofferraum ist der beste Aufbewahrungsort für Wertgegenstände. Man kann von außen nicht hineinsehen und er ist durch ein eigenes Schloss gesichert. Etwas aufwändigere Verstecke sind die Innenseite Ihrer Türpanele. Sie können auch Gegenstände in den Polsterungen verstecken.

Lassen Sie nichts darauf hindeuten, dass Sie eine Frau sind. Besser ist es, den Anschein zu erwecken, dass Sie ein Mann sind, zum Beispiel, indem Sie eine billige Sportmütze gut sichtbar im Auto liegen lassen.

Zuhause

Es gibt bei Ihnen zuhause viele gut geeignete Verstecke für Gegenstände von kleiner bis mittlerer Größe. Haushaltsgegenstände, wie etwa ein großer Fernsehbildschirm zu verstecken ist nicht wirklich praktikabel.

Lassen Sie Ihre Rollläden unten, damit niemand von außen in Ihr Haus sehen kann und lassen Sie nichts von Wert offen herumliegen. Dazu zählen Anzeichen von Neuanschaffungen, wie zum Beispiel die Verpackung einer Spielkonsole.

Schließen Sie Ihr Auto in der Garage ein (dadurch wird es noch schwieriger, der Routine zu folgen) und schließen Sie alle Ihre Werkzeuge ebenfalls weg.

Es gibt diverse Möglichkeiten für gute Verstecke in Ihrem Zuhause.

Wo man Dinge nicht verstecken sollte

Jeder kennt die offensichtlichen Verstecke, vor allem Diebe. Verstecken Sie nichts an den folgenden Orten:

- Im Schlafzimmer. Lassen Sie bloß Ihr falsches Portemonnaie samt Inhalt und ein paar billige Schmuckstücke als Ablenkung dort.
- Im Kinderzimmer.
- Jedes andere klassische Versteck, wie die Unterwäscheschublade, in der Matratze, im Gefrierfach oder im Toilettenspülkasten.

Einfache Verstecke

Diese Verstecke sind schnell und einfach zu erstellen und sind ohne größeren Aufwand zugänglich. Sie eignen sich hervorragend für Hotelzimmer und Bürogebäude.

Wenn Sie etwas in einem Hotelzimmer verstecken, sollten Sie währenddessen das „bitte nicht stören“ Schild außen an die Tür hängen. Die Verstecke sind:

- Im Duschkopf. Polstern Sie es mit Toilettenpapier, damit der Gegenstand nicht sofort herausfällt.
- In einer hohlen Duschvorhangstange.
- In den Nähfalten der Fenstervorhänge.
- Unter dem Bezug des Bügelbretts.
- Mit Klebeband an die Unterseite einer untersten Schublade geklebt.
- Mit Klebeband an die Unterseite schwerer Möbelstücke geklebt.
- In Polstern mit Reißverschluss.
- In Bilderrahmen.
- In einem wasserdichten Plastikbeutel in einer Duschgelflasche.
- In einem feuersicheren Tresor. Nicht im Schlafzimmer.

Fortgeschrittene Verstecke

Für die Erstellung dieser Verstecke könnten Sie ein oder mehrere Werkzeuge benötigen:

- In einem Kabelgehäuse. Verstecken Sie jedoch nichts in einer Steckdose.
- Unter einem losen Stück Teppichboden in der Ecke unter einem Schrank.
- In einem Fernsehergehäuse.
- In einem ausgehöhlten Buch. Verwenden Sie ein Teppichmesser, um es einige Seiten tief auszuhöhlen.
- In einer Konservendose. Öffnen Sie die Unterseite (lösen Sie sie jedoch nicht vollständig) und ersetzen Sie den Inhalt durch Ihre Wertgegenstände.
- In Lüftungsschächten. Achten Sie darauf, dass Ihre Gegenstände nicht außer Reichweite rutschen.

Schwierige Verstecke

Diese Verstecke erfordern ein wenig Vorarbeit Ihrerseits.

- In einer hohlen Stelle in einer Wand oder einer Tür (zum Beispiel hinter dem Medizinschränkchen.)
- In einem eingemauerten Safe. Den Safe überstreichen Sie mit Farbe.
- In ausgehöhlten Tischbeinen oder Ähnlichem.
- Unter der Küchenanrichte. Lösen Sie die Fußleiste, verstecken Sie Ihre Habseligkeiten und befestigen Sie die Fußleiste anschließend wieder mit Klettverschluss

Einen Geheimraum einrichten

Sie können Zimmer mit nur einem Zugang oder größere ungenutzte Nischen, zum Beispiel unter der Treppe, zu Geheimräumen umfunktionieren. Dazu tun Sie Folgendes:

- Entfernen Sie die Tür samt Rahmen.
- Füllen Sie die Stelle mit einer Spanplatte. Lassen Sie dabei einen kleinen Zugang frei.
- Überlegen Sie sich eine Möglichkeit, um den Zugang zu

verschließen. Dazu bieten sich ein kleines Regal oder Schränkchen an, das Sie verschieben oder kippen können. Dieser Zugang sollte auch von innen gut verschließbar sein.

Ihr Geheimraum kann auch gleichzeitig Ihr Schutzraum sein.

Verwandte Kapitel:

- Schutzräume

SCHÜTZEN SIE IHRE PRIVATSPHÄRE

Je weniger Menschen über Sie Bescheid wissen, desto geringer ist die Chance, dass Sie zu einem Opfer werden. Befolgen Sie diese Tipps, um wichtige Informationen zu schützen:

- Tragen Sie niemals Ihre Adresse am Schlüsselanhänger.
- Nutzen Sie öffentliche Postboxen für Schriftverkehr. Wenn Sie keinen Zugang zu einer öffentlichen Postbox haben, geben Sie als Adresse lediglich Ihr Wohngebäude an.
- Lassen Sie Besucher und Anrufer durch Ihre Mitarbeiter überprüfen.
- Vernichten Sie gelesene Post.
- Entfernen Sie Ihren Namen von Ihrem gemieteten Parkplatz.
- Bleiben Sie aus allen öffentlichen Registern fern (Telefonbücher, Kontaktlisten, etc.)
- Vermeiden Sie Auftritte in öffentlichen Medien.
- Wenn Sie statische Interferenzen in Ihrem Telefon, Radio oder aus Computerlautsprechern hören, könnte das ein Zeichen sein, dass Sie abgehört werden. Kaufen Sie ein günstiges Gerät zum Überprüfen von Radiofrequenzen.

Wenn jemand versucht, Informationen von Ihnen zu bekommen, können Sie eine oder mehrere der folgenden Strategien verwenden:

- Seien Sie direkt. Sagen Sie: „Sorry, das weiß ich nicht."
- Stellen Sie eine Gegenfrage, zum Beispiel: „Warum fragen Sie?"
- Wechseln Sie das Thema.
- Verweisen Sie auf jemand Anderen. Sie könnten zum Beispiel sagen: „Ich glaube, Bill weiß darüber Bescheid."

SICHERHEIT AUSSTRAHLEN

Es ist gut, wenn Sie selbst nicht wie ein leichtes Opfer wirken. Noch besser ist es, wenn Sie mit Ihrem Wohnsitz den gleichen Effekt erzielen.

Platzieren Sie Zeichen, die darauf hindeuten, dass Ihr Zuhause kein leichtes Ziel ist. Ihr Haus sollte sicherer aussehen, als alle anderen Häuser auf der Straße.

Um das zu erreichen, befolgen Sie die folgenden Tipps. Auch wenn das Meiste davon nur Attrappe ist, werden sich die meisten Kriminellen nicht die Mühe machen, das zu überprüfen.

- Bringen Sie Warnsticker an allen Fenstern und neben den Eingängen an.
- Stellen Sie ein Warnschild in Ihrem Vorgarten auf.
- Installieren Sie Überwachungskameras. Wenn diese nur Attrappen sind, sollten Sie sichergehen, dass sie ein batteriebetriebenes Blinklicht haben.
- Platzieren Sie Herrenschuhe und/oder große Hundefressnäpfe neben den Eingängen.
- Ihre Warnschilder sollten Botschaften tragen wie: „Auf Einbrecher wird geschossen.“ Oder „Warnung vor dem Wachhund.“
- Vermeiden Sie Anzeichen von Abwesenheit. Sammeln Sie Ihre Post ein, leeren Sie die Mülltonnen und entfernen Sie alle Arten von Flyern und sonstigen Markierungen. Einbrecher nutzen oft Klebeband oder Kreide Markierungen, um auf ein potenzielles Einbruchsziel hinzuweisen.
- Wenn Sie nicht zuhause sind, sollten Sie Zeitschalter für Ihre Lampen installieren, die morgens das Licht in der Küche einschalten, abends im Wohnzimmer und nachts im Schlafzimmer.

SICHERE EINGÄNGE

Je besser Ihre Eingänge gesichert sind, desto schwieriger wird es für Einbreche, Ihr Haus zu betreten.

Erste Hindernisse

Der Vorgarten stellt Ihre erste Verteidigungslinie dar. Es sollte genau einen einfachen Zugang für Besucher geben und sonst keinen.

Das erreichen Sie, indem Sie einen offensichtlichen Pfad zu Ihrer Tür anlegen und den Rest mit Hindernissen bestücken.

Diese Hindernisse können Sie selbst bauen (Teiche, Zäune, Mauern) oder pflanzen (Hecken, Nadelbüsche, dicht bepflanzte Beete).

Garage

Schließen Sie Ihre Garage immer ab. Wenn Sie für mehr als ein paar Tage verreist sind, nutzen Sie Vorhängeschlösser.

Wenn Sie ein automatisches Garagentor haben, bewahren Sie die Fernbedienung niemals sichtbar im Auto auf.

Schließen Sie immer die Tür zwischen Garage und Haus ab.

Ein findiger Einbrecher kann ohne Probleme das manuelle Zugseil erreichen, um die Garage zu öffnen. Binden Sie es fest oder schneiden es ab.

Schlüssel

Verstecken Sie Ihre Schlüssel niemals draußen oder im Auto, auch wenn es sicher in der Garage steht. Es ist besser, einen Ersatzschlüssel bei einem vertrauenswürdigen Nachbarn zu lassen. Wenn Sie die Schlüssel verlieren, sollten Sie sofort das Schloss wechseln.

Wenn Sie neu in ein Haus einziehen, sollten Sie alle Schlösser auswechseln.

Fenster

Bringen Sie an all Ihren Fenstern schwere Schlösser an und verwenden Sie Plexiglas oder Sicherheitsfolien, damit die Fensterscheiben nicht so leicht zerstört werden können.

Gehen Sie sicher, dass alle externen Klimaanlagen sicher angebracht sind, damit Einbrecher sie nicht entfernen und durch das Loch hereinklettern können.

Wenn Sie Vergitterungen anbringen, gehen Sie sicher, dass sie in einem Brandfall immer noch das Haus verlassen können. Kiesbetten unter den Fenstern erlauben es Ihnen, nachts Eindringlinge akustisch wahrzunehmen.

Glasschiebetüren

Glasschiebetüren sind besonders einfach zu knacken. Sicherheitsglas ist ein absolutes Muss. Ziehen Sie außerdem in Betracht, einen Sicherheitsriegel für Ihre Glasschiebetüren zu installieren, sodass sie nicht von außen aufgeschoben werden können.

Außentüren

Eine Außentür ist jede Tür, die Ihnen Zugang von Außen in Ihr Haus oder Ihre Garage ermöglicht. Um Ihr Zuhause sicherer zu machen, sollten Sie die folgenden Dinge bei Außentüren beachten:

- Installieren Sie dicke Türen mit starken Schlössern.
- Installieren Sie einen schweren, schlagsicheren Riegel.
- Schrauben Sie die Scharniere und Schlösser mit dicken Holzschrauben fest und verwenden Sie unbedingt Dübel.
- Installieren Sie Sicherheitskameras und verzichten Sie auf Katzenklappen o.Ä.

Sie können diese Tipps auch für Ihren Schutzraum anwenden.

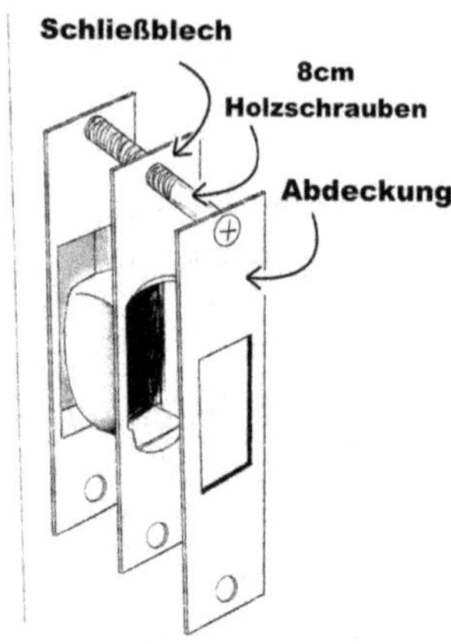

Hotel/Büro/Öffentliche Gebäude

Nutzen Sie stets den Riegel, um Ihr Zimmer zu verschließen. Die Vorhängekette oder Drehschlösser reichen nicht aus.

Türklinken sind leicht zu umgehen. Stopfen Sie ein Handtuch unter die Tür, um die Lücke zu schließen oder stecken Sie eins in die Lücke der Klinke.

Verbarrikadierung

Je nachdem, wie sich Ihre Türen öffnen, müssen sie anders verbarrikadiert werden.

Wenn Ihre Tür nach außen öffnet, können Sie einen Haken an der Wand anbringen und ein starkes Kabel oder einen Draht von dem Haken um die Türklinke legen. Wenn jemand die Tür nach Außen aufreißen möchte, wird das Kabel die Tür stoppen.

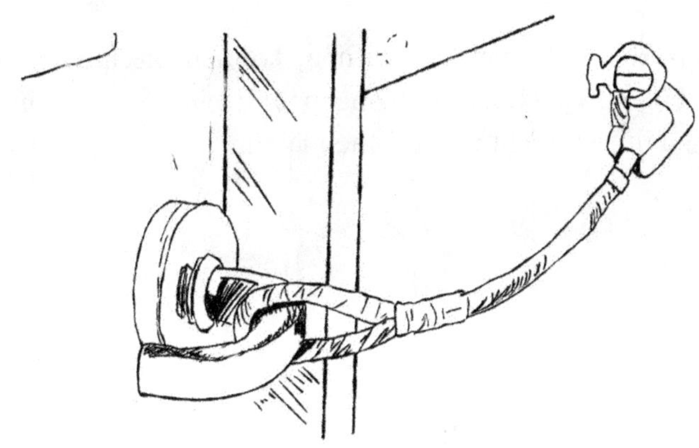

In der Hitze des Gefechts könne sie diese Vorrichtung auch improvisieren, indem Sie zum Beispiel ein Stromkabel um einen schweren Gegenstand wickeln und dann eine Schlaufe um die Türklinke legen.

Wenn Sie einen fixen Ankerpunkt, wie zum Beispiel eine Säule haben, sollte das Seil oder Kabel so straff wie möglich sein.

Wenn Sie ein schweres, aber bewegliches Objekt als Ankerpunkt haben, gehen Sie sicher, dass es beim Verschieben klemmt und nicht kaputtgeht. Auch ein Besenstiel zwischen die Türklinke und den Türrahmen geklemmt wird ein gutes Hindernis abgeben.

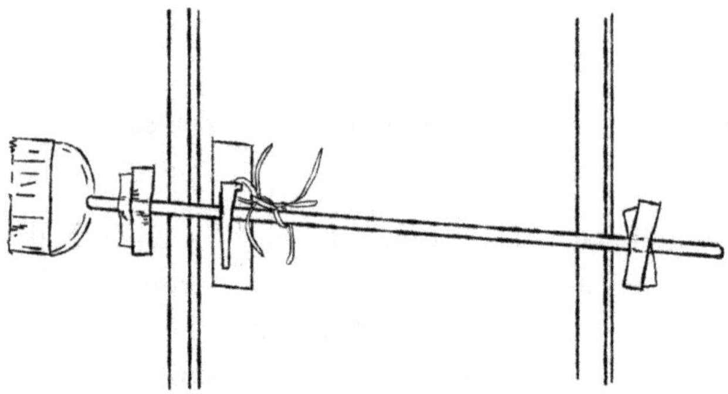

Bei Türen, die zur Innenseite öffnen, können Sie links und rechts vor der Tür einen Haken anbringen und eine Stange einhängen, damit die Tür sich nicht mehr öffnen lässt.

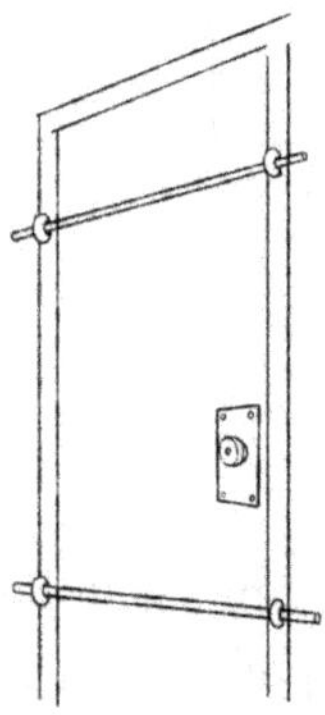

Wenn Sie keine Haken anbringen können oder falls Sie im Falle eines Einbruchs für ein paar mehr Hindernisse sorgen möchten, befolgen Sie diese Tipps:

- Verbarrikadieren Sie die Tür mit schweren Möbelstücken.
- Klemmen Sie einen Keil zwischen den Türrahmen und die Tür.
- Klemmen Sie einen Gegenstand unter die Türklinke.

SICHTBARKEIT STEIGERN

Idealerweise können Sie ihr Eigenheim bestens über Fenster und/oder Überwachungskameras überblicken.

Um dies zu erreichen, sollten Sie zunächst prüfen, welche Stellen Sie nicht einsehen können. Sehen Sie sich sowohl bei Tag als auch in der Nacht nach Toten Winkeln und potenziellen Verstecken um, besonders in der Nähe der Eingänge.

Sobald Sie die toten Winkel identifiziert haben, sorgen Sie dafür, dass nichts mehr Ihre Sicht blockiert. Vielleicht müssen Sie dazu beispielsweise einige Pflanzen trimmen.

Beleuchtung steigert die Sichtbarkeit, aber sie ist auch als Abschreckung wirksam. Installieren Sie überall auf Ihrem Grundstück Bewegungssensoren und Flutlichter.

Überwachungskameras

Überwachungskameras auf Ihrem Grundstück haben eine abschreckende Wirkung und helfen Ihnen im Notfall, Beweise zu liefern. Damit die Kameras nicht einfach zerstört werden können, sollten Sie darauf achten, sie in ausreichender Höhe anzubringen und mit einer robusten Außenhülle zu versehen. Verfahren Sie genau so bei Ihrer Beleuchtung.

Ein schmaler Fokus (Pfade und Türen) ist nützlich, um Gesichter zu identifizieren, während Weitwinkel-Perspektiven helfen, Fahrzeuge auf Band einzufangen.

Schauen Sie sich regelmäßig das Material auf den Kameras an. (zum Beispiel jeden Sonntagmorgen). Sie können auch direkt auf eine Live-Übertragung der Kameras per App zugreifen. Das bietet sich besonders an, wenn Sie ein Geräusch in Ihrem Haus überprüfen wollen, oder wenn Sie Handwerker im Haus haben, während Sie nicht da sind.

Abhörgerät zum Selberbauen

Wenn Sie Menschen belauschen möchten, können Sie ein kleines Hörgerät verwenden, um Ihre Hörfähigkeit zu steigern.

Alternativ können Sie auch ein Paar Kopfhörer (oder jede Art von Lautsprecher) in ein Abhörgerät verwandeln. Vertauschen Sie die Kabel für den Pluspol (rot) und Minuspol (schwarz), die in den Ohrstöpsel führen. Anschließend stecken Sie den Klinkenstecker in ein Aufnahmegerät oder Ihr Handy.

Ein digitales Aufnahmegerät mit Stimmaktivierung wird nur dann aufnehmen, wenn tatsächlich etwas gesagt wird. Wenn Sie der Unterhaltung in Echtzeit lauschen möchten, können Sie ein Handy auf automatischen Rückruf einstellen. Stellen Sie es auf lautlos und rufen Sie es an, wenn Sie zuhören möchten.

WARNYSTEME EINRICHTEN

Es gibt verschiedenste Wege, Warnsysteme einzurichten, die Sie frühzeitig vor Einbrechern warnen können.

Flutlicht mit Bewegungsmelder sind eine grundlegende Maßnahme. Eine Alarmanlage zu installieren ist ebenfalls eine Option. Gehen Sie sicher, dass sie kabellos und robust ist.

Nachbarschaftswache

Das Gründen einer Nachbarschaftswache hat mehrere Vorteile. Zum einen bietet sie „Sicherheit durch Überzahl“ und zum anderen sorgt sie für eine Vertrauensgemeinschaft.

- Nachbarn können sich gegenseitig vor verdächtigen Dingen warnen.
- Ihre Familie wird wissen, an welche Haushalte sie sich in einem Notfall wenden können.
- Es ist leichter, Nachbarschaftsstreits zu lösen, wenn man auf freundschaftlicher Basis miteinander umgeht.

Hunde

Es gibt zwei Arten von Hunden, die Sie für Ihre Sicherheit in Betracht ziehen können.

Ein Hütehund dient als Alarmanlage. Er wird eine Menge Krach schlagen und ist normalerweise sehr familienfreundlich sein.

Ein Wachhund dient ebenfalls als Alarmanlage, wird aber ebenfalls die Eindringlinge angreifen. Die meisten Wachhundrassen sind größer als Hütehunde.

Beide Arten sind eine gute Wahl und Sie können sich eine bestimmte Rasse aussuchen, je nachdem, welche Eigenschaften Sie wollen. Mischrassen sind genauso wertvoll und haben in der Regel weniger gesundheitliche Probleme.

Ein effektiver Hüte- oder Wachhund muss nicht unbedingt groß sein, aber eine zu kleine Rasse wird den abschreckenden Effekt verlieren.

Welche Wahl Sie auch treffen, Sie müssen Ihren Hund angemessen trainieren und sein Bellen ernst nehmen. Beginnen Sie mit grundlegenden Unterwürfigkeitsübungen (Sitz, Bleib, bei Fuß, etc.).

Alle Hütehunde werden instinktiv Krach schlagen, wenn Sie einen Eindringling wahrnehmen. Einige Wachhunde könnten einfach sitzen bleiben und knurren. Bringen Sie ihnen bei, verdächtigen Geräuschen instinktiv und auf Kommando („Such!") nachzugehen, und zu bellen, wenn Sie Besuch bekommen. Bringen Sie Ihrem Hund ebenfalls bei, auf Kommando mit dem Bellen aufzuhören.

Je nachdem, wie groß Ihr Grundstück ist, könnte es eine gute Idee sein, den Hund zweimal täglich auf einen Rundgang um den Grundriss mitzunehmen. Irgendwann wird er die Route von selbst patrouillieren.

Viele Hunde werden Sie nicht instinktiv beschützen. Bringen Sie Ihrem Hund bei, auf Kommando anzugreifen, jedoch nicht vorher. Er muss auch auf Ihr Kommando hin den Angriff abbrechen.

Sie gewinnen die Loyalität eines Hundes durch Liebe und Strenge. Wenn Sie ihn gut behandeln, wird er bald sein eigenes Wohlergehen für Sie aufs Spiel setzen.

Stolperalarm

Ein Stolperalarm ist überall dort eine gute Idee, wo Sie glauben, dass sich ein Einbrecher nähern könnte und/oder an Orten, die Sie für nicht sicher genug halten, wie zum Beispiel dunkle Ecken, Schuppentüren, oder auf Fensterbänken und Zäunen.

Um einen Stolperalarm zu installieren, brauchen Sie nichts weiter, als eine Angelschnur und einen günstigen Panikalarm mit einem

Ziehauslöser. Gehen Sie sicher, dass der Alarm laut genug und wasserdicht ist.

Wenn Sie den Stolperalarm auf Bodenhöhe anbringen wollen, befestigen Sie die Leine und den Alarmauslöser am besten zwischen zwei Bäumen (oder was Ihnen zur Verfügung steht) auf Schienbeinhöhe. Die Schnur sollte gut gespannt, aber nicht zu straff sein, sonst werden Sie viele falsche Alarme bekommen.

Panikwort

Einigen Sie sich mit Ihrer Familie auf ein Panikwort oder einen Satz, damit Sie einander unauffällig mitteilen können, wenn etwas nicht sicher ist. Wenn beispielsweise Einbrecher in Ihrem Haus sind, können Sie das Panikwort verwenden, um Ihren Familienmitgliedern mitzuteilen, nicht nach Hause zu kommen und stattdessen Hilfe zu rufen.

PLANUNG UND VORBEREITUNG

Ein Plan ist eine Reihe von vorher definierten Maßnahmen, die Sie ergreifen müssen, um ein bestimmtes Ziel zu erreichen. Bei der Vorbereitung werden Sie die Informationen, die Sie mit Ihrer Planung erlangt haben, einsetzen, um so bereit wie möglich zu sein, bevor Sie handeln.

In nahezu allen Bereichen des Lebens erhöhen Planung und Vorbereitung Ihre Erfolgschancen. Im Kontext dieses Buches drückt sich Erfolg darin aus, dass Sie einer gefährlichen Situation entkommen.

EINEN PLAN SCHMIEDEN

Der beste Weg, den Prozess der Planung zu verinnerlichen ist, bereits im Alltagsleben funktionierende Pläne zu schmieden. So werden Sie auch in einer Stresssituation in der Lage sein, zu planen.

Wenn Sie die folgenden Schritte befolgen, sollten Sie jede Situation objektiv beurteilen. Berücksichtigen Sie zuerst die Fakten und erst dann ihre eigene Erfahrung.

Wenn die Zeit knapp ist, führen Sie die Schritte so gut aus, wie Sie können. Der menschliche Verstand ist in Gefahrensituationen zu sehr schnellen Berechnungen fähig.

Bestimmen Sie Ihr Ziel

Ohne ein klares Ziel vor Augen werden Sie nicht in der Lage sein, einen zielführenden Plan zu schmieden.

Erwägen Sie Stärken und Schwächen

Erwägen Sie Ihre eigenen Stärken und Schwächen ebenso wie die Ihrer Teamkollegen und Ihrer Gegner (sofern möglich).

Beachten Sie:

- Fähigkeiten.
- Ressourcen wie Werkzeuge, Waffen und Menschen.
- Ressourcen, die Ihnen fehlen.
- Hindernisse, die Sie kennen und/oder vermuten.

Arbeiten Sie mehr als einen möglichen Plan aus

Indem Sie mehr als einen Plan zur Verfügung haben, verhindern Sie, dass Sie sich auf eine Möglichkeit versteifen. Außerdem haben Sie so automatisch einen oder mehrere Notfallpläne in der Hinterhand. Sie werden nicht immer die Zeit haben, mehr als einen Plan auszuarbeiten, aber wenn die Zeit reicht, nutzen Sie sie.

Denken Sie über mögliche Ergebnisse nach

Überlegen Sie, zu welchem Ergebnis jeder mögliche Plan führen wird und wägen Sie die Vor- und Nachteile ab. Die Nachteile müssen alle möglichen negativen Konsequenzen enthalten.

Staffeln Sie Ihre Pläne

Wählen Sie den Plan, dem Sie die größte Erfolgschance zuschreiben. Einfache Pläne enthalten oft weniger Dinge, die schiefgehen können. Staffeln Sie Ihre Ersatzpläne ebenfalls nach Erfolgsaussicht.

Analysieren Sie Ihre Pläne

Analysieren Sie jeden Ihrer Pläne im Detail. Wenn die Umstände es zulassen, sollten Sie sie proben. Führen Sie sich vor Augen, was schiefgehen könnte und vergewissern Sie sich aller Details.

VORBEREITUNG

Sobald Sie Ihre Pläne ausgearbeitet haben, teilen Sie sie allen mit, die darüber Bescheid wissen sollten (beispielsweise Ihren Familienmitgliedern) und beginnen Sie mit den Vorbereitungen. Vorbereitungen schließen auch das Sammeln von Ressourcen und das Proben verschiedener Szenarien mit ein.

Ressourcen Sammeln

Bevor Sie mit dem Sammeln beginnen, erstellen Sie eine Liste aller Dinge, die Sie benötigen, um den Plan auszuführen und wie man sie erlangt. Sobald die Liste vollständig ist, machen Sie sich auf und sammeln Sie.

Proben

Bei der Probe soll die Ausführung des Plans in Echtzeit geübt werden. So verinnerlichen Sie die notwendigen Schritte, was es später einfacher macht, den Plan unter Druck auszuführen. Versuchen Sie bei der Probe so nah wie möglich an einem lebensechten Szenario zu bleiben. Auf diese Weise können Sie ebenfalls Fehler im Plan identifizieren und ausbessern.

Höchstwahrscheinlich werden Sie zu einem bestimmten Zeitpunkt im Dunkeln handeln müssen. Es könnte zum Beispiel einen nächtlichen Stromausfall geben oder Ihre Entführer verbinden Ihnen die Augen. Trainieren Sie dafür. Schließen Sie die Augen, tragen eine Augenbinde oder trainieren mit ausgeschaltetem Licht – welche Möglichkeit auch immer Sie vorziehen.

Die Fähigkeit, sich auch im Dunkeln in Ihrem Haus fortzubewegen, kann überlebenswichtig sein und wird Ihnen einen Vorteil gegenüber jedem Einbrecher geben. Es hilft auch, wenn Sie Ihr Haus in Ordnung halten und nichts herumliegen lassen.

Denken Sie daran, dass Ihre Probe stets sicher bleibt. Das sollte kein allzu großes Problem sein, denn wenn etwas zu gefährlich ist, um es in der Probe zu tun, dann ist es wahrscheinlich nicht geeignet, es in einer Realsituation zu tun.

TRAINING

Ein weiterer Teil der Vorbereitung ist das allgemeine Training von Körper und Geist.

Geist

Trainieren Sie Ihren Geist, um in Stresssituationen einen kühlen Kopf zu bewahren. Das erreichen Sie durch regelmäßige Meditation.

Das sogenannte Box-Breathing ist eine Atemmethode von Mark Divine. Sie hilft dabei, sich selbst in Stresssituationen zu beruhigen und/oder als Form der Atemmeditation.

- Leeren Sie Ihre Lungen vollständig.
- Halten Sie ohne Luft in den Lungen für vier Sekunden den Atem an.
- Atmen Sie vier Sekunden lang durch die Nase ein.
- Halten Sie für vier Sekunden den Atem an.
- Atmen Sie vier Sekunden lang aus.
- Wiederholen Sie dies so oft wie Sie möchten.

Körper

Durch körperliches Training steigern Sie Ihre physische Stärke. Dadurch werden Sie nicht so leicht zu einem Ziel (die Schwachen erwischt es immer zuerst) und Sie steigern Ihre Kampf- oder Fluchtfertigkeiten.

Für ein gutes körperliches Training ist es wichtig, gut zu essen und regelmäßig Sport zu treiben.

Gewöhnen Sie sich eine ausbalancierte Diät mit viel Gemüse an.

Wenn Sie einen voll ausgearbeiteten Ernährungsplan suchen, gehen Sie auf:

www.SurvivalFitnessPlan.com/Nutrition-Guidelines

Bei Ihrem körperlichen Training sollten Sie Fertigkeiten trainieren, die Ihnen bei einem Kampf oder der Flucht zugutekommen, wie zum Beispiel Selbstverteidigung und/oder Parcours.

Als grundlegende Fitnessroutine können Sie die folgenden Dinge jeweils fünfmal tun. Dieses Training sollten Sie wenigstens dreimal die Woche ausführen:

- Dreißig Sekunden lang aggressiv auf einen Boxsack einschlagen.
- Ein 60-Sekunden Sprint.
- Dreißig Sekunden Pause.

TRAGEN SIE NÜTZLICHE GEGENSTÄNDE IMMER BEI SICH

Nützliche Dinge in greifbarer Nähe zu haben, kann in Extremsituationen den entscheidenden Unterschied machen. Sie sollten zumindest dafür sorgen, dass die folgenden Dinge an Orten zu finden sind, wo Sie sich oft aufhalten, wie zum Beispiel Ihr Schlafzimmer, Ihr Auto oder im Büro.

- Taschenlampe.
- Mobiltelefon und Ladekabel.
- Waffe (Pistole, Messer, Teleskopschlagstock, Pfefferspray, Baseballschläger).

KLEINES ÜBERLEBENSPAKET

Ein Überlebenspaket ist eine Sammlung von Gegenständen, die Ihnen bei der Flucht oder beim Überlebenskampf helfen können und die sich unbemerkt am Körper verteilt tragen lassen. Die Verteilung ist wichtig, damit Ihnen im Falle einer Durchsuchung nicht alle Gegenstände auf einmal abgenommen werden.

Die besten Verstecke sind dabei die Orte, an denen man nicht suchen möchte, zum Beispiel in Ihrem Schambereich, in Körperöffnungen oder in falschen Wunden.

Andere mögliche Verstecke sind:

- Schuhe (Zunge, Sohle).
- Nähte in Ihrer Kleidung.
- In einer Hüfttasche unter der Kleidung.
- Haare.

Ziehen Sie in Betracht, ob Sie den Gegenstand erreichen müssen, wenn Sie gefesselt sind. Dinge, die Sie auf jeden Fall dabeihaben sollten, sind:

- Ein knopfgroßer Kompass.
- Bargeld.
- Eine LED Taschenlampe.
- Paracord.
- Büroklammern.
- Einen Poncho.
- Ein Smartphone.
- Einen „taktischen" Kugelschreiber.
- *Einen Ferro Toggle.
- *Ein Feuerzeug.
- *Eine Rasierklinge.

Einige weitere Gegenstände könnten sein:

- Haarklammern.
- Essen.
- Einen Handschellenschlüssel.
- Eine Landkarte.
- Wasserreinigungstabletten.
- *Ein Messer.

*Diese Gegenstände können Sie möglicherweise durch Sicherheitskontrollen mitnehmen, aber dafür sind sie günstig. Wenn sie also konfisziert werden oder Sie sie loswerden müssen, ist es nicht allzu schlimm.

Knopfgroßer Kompass

Ein Kompass wird Ihnen die Orientierung erleichtern, aber leider sind die meisten Exemplare nicht besonders genau. Gehen Sie sicher, dass Sie ein hochqualitatives Modell anschaffen. Silvia und Suunto sind geeignete Marken.

Bargeld

US-Dollar sind neben der örtlichen Währung stets die beste Währung, die Sie dabei haben können. Britische Pfund oder Euros werden auch an den meisten Orten akzeptiert. Verstecken Sie einige Banknoten und tragen Sie ein falsches Portemonnaie bei sich, das Ihre Entführer konfiszieren können.

LED Taschenlampe

Eine kleine LED Taschenlampe hilft Ihnen dabei, sich im Dunkeln zu orientieren, ein Hilfesignal zu senden und im Überlebenskampf Fische anzulocken.

Paracord

Ersetzen Sie Ihre Schnürsenkel durch Paracord, also Fallschirmleine. Diese können Sie im Notfall verwenden, um Fesseln zu durchschneiden für Reparaturen, als Angelschnur und vieles mehr.

Büroklammern

Tragen Sie mehrere größere, belastbare Büroklammern in Ihrer Tasche und/oder an Ihre Kleidung geklemmt. Büroklammern können dazu dienen, Schlösser zu knacken, aber auch in anderen Überlebenssituationen sind sie nützlich. Beispielsweise können Sie aus ihnen improvisierte Fischhaken basteln.

Poncho

Ein durchsichtiger Regenponcho dient Ihnen als Wetterschutz, Hilfsmittel zum Wassersammeln und vieles mehr. Leider lässt sich ein Poncho nicht besonders praktisch transportieren, wenn Sie keinen Rucksack dabei haben.

Smartphone

Ein modernes Smartphone ist das ultimative Flucht- und Überlebenswerkzeug, solange die Batterie hält. Es wird auch der erste Gegenstand sein, der konfisziert werden wird. Mit einem Smartphone können Sie unter anderem:

- Hilfe anrufen.
- Den eingebauten Kompass oder das GPS nutzen.
- Die Taschenlampenfunktion nutzen.
- Notizen und Fotos machen.
- Nützliche Bücher, zum Beispiel Überlebens- oder Erste-Hilfe-Ratgeber speichern.
- Einen Signalspiegel improvisieren.

- Ein Feuer mit der Batterie anzünden. Tun Sie dies nur, wenn Sie keine andere Verwendung mehr dafür haben.

„Taktischer" Kugelschreiber

Der beste taktische Kugelschreiber ist einer, den Sie bei sich tragen werden. Jede Art von Edelstahlkugelschreiber ist prinzipiell geeignet. Halten Sie nach den folgenden Merkmalen Ausschau:

- Nachfüllbar.
- Schreibt gut.
- Hat eine Klammer.
- Hat eine flache Oberseite.
- Nicht zu teuer/ leicht zu ersetzen.
- Sieht wie ein gewöhnlicher Kugelschreiber aus.

Die meisten taktischen Kugelschreiber, die Sie auf dem Markt finden, erfüllen diese Vorgaben nicht, besonders die letzte. Ein paar geeignete Modelle sind:

- Zebra 701.
- Zebra 402.
- Parker Jotter.
- Fischer Space Military Pen (dieser ist ein wenig teurer, aber kostet trotzdem unter 20$).

Ferro Toggle

Ein Ferro Toggle hilft Ihnen dabei, im Notfall ein Feuer zu machen.

Gehen Sie sicher, dass Sie ein Ferro kaufen, und nicht einen Flint oder Magnesium, damit Sie auch ohne einen Schlagstein Funken erzeugen können.

Die häufigste Form ist die Stabform, aber es gibt auch andere. Mit anderen Formen ist es ggf. nicht so leicht, ein Feuer zu machen, aber sie lassen sich leichter verstecken, beispielsweise als Reißverschlussanhänger.

Feuerzeug

Wenn es nicht nass geworden ist, ist es leichter, mit einem Feuerzeug ein Feuer anzuzünden, als mit einem Ferro Toggle.

Es lässt sich auch als improvisierte Ablenkung verwenden, um nach Hilfe zu signalisieren oder zur Selbstverteidigung.

Rasierklinge

Eine Rasierklinge ist fast so gut wie ein Messer und wesentlich leichter zu verstecken.

Haarklammern

Haarklammern geben gute Dietriche ab und funktionieren bei einigen Schlössern besser als Büroklammern.

Essen

Ein hochkalorischer Energieriegel kann Ihnen eine große Hilfe sein, wenn Sie allein gestrandet sind.

Handschellenschlüssel

Handschellenschlüssel sind leicht zu verstecken und machen es sehr leicht, sich aus Handschellen zu befreien. Je nachdem, wo Sie sich aufhalten, könnte es illegal sein, einen Handschellenschlüssel zu besitzen.

Landkarte

Die Landkarte dient zur Orientierung und als Schreibpapier, sofern es benötigt wird. Kritzeln Sie eine Landkarte niemals so sehr voll, dass sie unlesbar wird.

Wasserreinigungstabletten

Trinkwasser ist essenziell für das Überleben. Kontaminiertes Wasser wird Sie krank machen (oder schlimmeres). Um diese Möglichkeit zu vermeiden, sollten Sie Wasserreinigungstabletten bei sich tragen, die leicht, einfach in der Anwendung und verlässlich sind.

Messer

Ein gutes Messer ist bei Weitem das beste Werkzeug bei der Flucht und im Überlebenskampf. Ein Multitool oder Taschenmesser ist nicht ganz so gut, aber immer noch besser als nichts – und immer noch sehr nützlich.

Verwandte Kapitel:

- Schlösser Knacken

BUG OUT BAGS (BOBS)

Ein sogenannter Bug Out Bag oder auch Fluchtbeutel ist eine Tasche mit Vorräten, die Sie im Notfall schnell zur Hand nehmen können, um dann zu flüchten. Im Grunde genommen handelt es sich hierbei um ein Überlebenspaket mit Vorräten für wenigstens ein paar Tage. Der Flucht Beutel muss Wasser, Essen, Schutz/Wärme, Feuer, Gesundheit und Sicherheit gewährleisten. Viele der beiliegenden Gegenstände sind eher allgemeiner Natur, aber wenn Sie den Beutel zusammenstellen sollten Sie auch mögliche Vorkommnisse in Ihrer Umgebung mit einberechnen. So werden Sie in jeder Art von Notfall bereit sein, Ihren BOB zu schnappen und unterzutauchen.

Jedes Mitglied Ihres Haushaltes, Haustiere eingeschlossen, sollte seinen eigenen BOB in greifbarer Nähe zur Verfügung haben. Gute Ablageorte für den BOB ist unter dem Bett oder neben dem Nachttisch.

Teilen Sie die Verantwortung für Haustiere, Kleinkinder und deren BOBs unter allen Erwachsenen auf, damit im Notfall keine Verwirrung entsteht.

Was in einen BOB gehört

Der genaue Inhalt Ihres Beutels hängt auch von Ihren persönlichen Vorlieben ab und davon, welche Vorkommnisse Sie für wahrscheinlich halten. Sie können auch einige persönliche und/oder Komfortgegenstände einpacken, wenn sie ausreichend Platz und Tragekapazität haben (Sie müssen den Beutel unter Umständen mehrere Tage am Stück tragen). Der Beutel selbst muss komfortabel und widerstandsfähig sein.

Sobald Sie Ihren BOB zusammengestellt haben, müssen Sie darauf achten, verderbliche Dinge regelmäßig auszuwechseln.

Dies ist eine Liste von Dingen, die Sie in Ihren BOB packen können:

- Bargeld (kleine Noten).
- Messer (Stahl).
- Multitool.
- Ein Liter Wasser (mindestens)
- Wasserfilter (tragbar).
- Essen (haltbar und verzehrfertig; Energieriegel, Studentenfutter, Multivitamin und Elektrolyte).
- Ein Satz frischer Kleidung.
- Notfalldecke.
- Poncho (am besten durchsichtig und weiß).
- Feuerzeuge.
- Ferro Rod.
- Taschenlampe (Kopflampe).
- Trillerpfeife.
- Kurzwellenradio mit AM/FM (batteriebetrieben und handlich).
- Batterien.
- GPS-fähiges Handy (mit SIM-Karte und Ladegerät; bestenfalls ein billiges Wegwerfhandy).
- Karten.
- Kompass.
- Erste Hilfe Paket (mit Antibiotika).
- Hygieneartikel (nur notwendige).
- Nähzeug.
- Panzerband.
- Paracord (5 m).
- Waffe und Munition (sofern legal).
- Notizbuch und Kugelschreiber/Bleistifte.
- Plastikbeutel.
- Fotokopien wichtiger Dokumente (siehe Ende des Kapitels).
- Schwimmbrille.
- P100 Maske
- Dinge für besondere Bedürfnisse.

Für Kleinkinder:

- Babynahrung/Baby Milchpulver.
- Wasser.
- Kleidung.
- Kuscheltier/Decken.

Für Haustiere:

- Futter.
- Wasser.
- Leine.
- Spielzeug.

Es ist immer eine gute Idee, im Vorfeld einen Tragekäfig für Ihr Haustier anzuschaffen, und es darin schlafen zu lassen, damit es bereits daran gewöhnt ist und im Fall einer schnellen Flucht sofort bereit ist.

VORRATSBOXEN

Eine Vorratsbox ist ein geschütztes Versteck für Vorräte.

Sie können Vorratsboxen in Ihrem Haus, bei Sammelpunkten, entlang Ihrer Fluchtrouten, oder an jedem anderen Ort unterbringen, der Ihnen sinnvoll erscheint.

Sie können ebenfalls verschiedene Boxen für verschiedene Zwecke anlegen.

Behälter

Die Behälter, die Sie für Ihre Vorratsboxen wählen, müssen die darin untergebrachten Gegenstände gut schützen. So ein Behälter sollte wasser- und luftdicht sein und nicht verrotten. Andere Eigenschaften, die in Betracht gezogen werden sollten, hängen davon ab, wie leicht zugänglich die Box sein muss und wo sie versteckt werden wird. Beispielsweise könnten Sie sich fragen, ob die Box dazu geeignet ist, vergraben zu werden.

Eine beliebte Option ist ein PVC Rohr mit versiegelten Enden, da es sowohl haltbar, günstig als auch wasserdicht ist. Allerdings ist jede Art von widerstandsfähiger Kiste geeignet, solange sie angemessen versiegelt ist. Wenn die Öffnungen eine Gummiumrandung haben, erleichtert das die Arbeit. Prüfen Sie die Versiegelung, indem Sie die Box in heißes Wasser tauchen und auf Blasenbildung achten.

Zusätzlicher Schutz

Machen Sie die einzelnen Gegenstände ebenfalls wasserdicht, bevor Sie sie in der Box deponieren. Sie können dazu hochqualitative Müllbeutel nutzen, aber auch ein Vakuumiergerät, Frischhaltefolie, Panzertape, etc. Bevor Sie die Gegenstände versiegeln, sollten Sie Entfeuchter hinzufügen und so viel Luft herauspressen, wie möglich.

Als Entfeuchter eignen sich Silica Gel Päckchen. Nutzen Sie 5g pro 3,5L Volumen. Im Zweifelsfall nehmen Sie lieber zu viel, als zu wenig.

Es gibt noch weitere Entfeuchter, die zum Teil besser, zum Teil schlechter funktionieren. Dazu zählen auch Reis, Salz, Zeolith, Calcium und Katzenstreu.

Verstecken Sie die Vorratsbox

Ein wichtiger Faktor bei der Suche nach einem geeigneten Versteck ist die Zugänglichkeit. Sie müssen in der Lage sein, die Box sowohl im Notfall gut zu erreichen, als auch zur Wartung.

Ein weiteres wichtiges Element ist die Tarnung. Deponieren Sie die Box dort, wo es nicht offensichtlich ist, wo Sie sie dennoch leicht wiederfinden. Die Box zu vergraben ist eine gute Idee, besonders, wenn sie außerhalb Ihres Grundstückes untergebracht ist. Wenn Sie häufiger Zugang zu Ihrer Box brauchen, sollten Sie sie nicht zu tief vergraben – eine hohle Stelle unter einem großen Stein funktioniert ebenfalls.

Wenn Sie die Notfallbox auf Ihrem Grundstück unterbringen, können Sie sie auch in den Wänden oder dem Dach verstecken. Weitere Optionen beinhalten bei Ihrem Arbeitsplatz, in einem Spind, in einer Postbox, auf einem Dach oder sogar unter Wasser (wenn Sie beispielsweise ein Boot im nahegelegenen Hafen haben). Einige Orte, die Sie vermeiden sollten, sind:

- Privateigentum, das Ihnen nicht gehört (es sei denn, Sie bezahlen dafür; in diesem Fall sollten Sie möglichst anonym bleiben und keine Zahlung versäumen).
- Belebte Orte (Parks, Strände, Zufahrtsstraßen).
- Verlassene Gebäude.
- Überall, wo es Sicherheitskameras gibt.
- Orte, die in Zukunft erschlossen werden könnten (außerhalb städtischer Gebiete).

Die Art und Weise, wie Sie Ihre Sicherheitsbox aufbewahren, bestimmt ebenfalls den Standort. Wenn Sie die Box beispielsweise vergraben, sollten Sie einen Boden mit Felsen, großen Baumwurzeln, Rohren oder anderen Hindernissen vermeiden.

Außerdem sollte der Boden nicht sehr feucht sein. Generell sollten Sie die Box nicht in Niederungen vergraben.

Egal, wofür Sie sich entscheiden, Sie müssen den Ort auskundschaften, bevor der Cache tatsächlich dort vergraben wird. Entscheiden Sie sich zunächst von zu Hause aus mit Google Maps/Earth für ein mögliches Gebiet. Gehen Sie dann dorthin, um es genauer zu beurteilen. Überprüfen Sie genau, wo Sie Ihren Cache verstecken/vergraben wollen und wie sicher das Gebiet ist.

Sie werden sowohl den Cache als auch Werkzeug dorthin bringen und genug Zeit haben müssen, um ihn zu verstecken (oder zu vergraben), ohne dass Sie gesehen werden. Überprüfen Sie den Ort auch zu verschiedenen Zeiten, falls am Wochenende mehr los ist als unter der Woche oder in der Nacht als am Tag.

Sobald Sie einen genauen Standort haben, müssen Sie sich diesen merken. Vielleicht können Sie sich auch ohne Gedächtnisstütze erinnern, aber ich würde mich nicht allein darauf verlassen, es sei denn, Sie haben ein fotografisches Gedächtnis. Dinge (vor allem Ihr Gedächtnis) ändern sich mit der Zeit. Eine bessere Idee ist es, unspezifische Anweisungen zu schreiben, die Sie zwar verstehen, die aber für andere nutzlos sein werden. Andere Möglichkeiten sind, den Ort in Ihrem GPS zu speichern, die Gitterreferenzen auf einer Karte aufzuzeichnen und/oder einen kleinen Bluetooth-Tracker in den Cache zu integrieren.

Geheimhaltung

Es ist sinnlos, einen Cache zu verstecken, wenn andere Leute davon wissen. Sagen Sie niemandem, dass Sie eine Vorratsbox zusammenstellen. Wenn Sie in einer ländlichen Gegend leben, in der sich das leicht herumspricht, kaufen Sie Vorräte in einer anderen Stadt ein.

Wenn Sie die Box verstecken (oder darauf zugreifen), müssen Sie so unauffällig wie möglich vorgehen. Tun Sie es in der Dämmerung an einem Sonntag oder Montag, und tragen Sie Handschuhe, damit keine Fingerabdrücke entstehen. Benutzen Sie eine Taschenlampe nur, wenn es nötig ist, und achten Sie darauf, dass sie rot oder blau ist (verwenden Sie niemals weißes Licht). Achten Sie darauf, dass Sie keine Spuren Ihrer Anwesenheit hinterlassen. Das bedeutet, dass Sie Ihr Auto weit genug abseits parken und zu Fuß gehen, ohne eine offensichtliche Spur zu hinterlassen. Wenn die Box nicht vergraben ist, müssen Sie sich eine gute Möglichkeit überlegen, sie zu tarnen.

Vergewissern Sie sich, dass keine GPS-Geräte (Handys, Autos usw.) aufzeichnen, wohin Sie gehen, und überlegen Sie sich eine Notlüge für den Fall, dass jemand vorbeikommt. Behaupten Sie zum Beispiel, dass Sie ein Zeitkapselprojekt durchführen oder mit einem Metalldetektor auf Schatzsuche gehen. Nehmen Sie Ausrüstung mit, um Ihre Tarnung zu bestätigen, und stellen Sie sicher, dass Sie Nahrung und Wasser haben.

Wenn Sie auf Ihren Cache zugreifen müssen, treffen Sie die gleichen Vorsichtsmaßnahmen. Benutzen Sie immer einen anderen Weg (um keine Spuren zu hinterlassen) und minimieren Sie den Zugang. Je öfter Sie Ihren Cache benutzen, desto unsicherer ist er. Um die Sicherheit zu erhöhen, können Sie auch Ablenkungen und/oder Irreführungen schaffen, indem Sie eine Schicht Müll über dem Cache vergraben.

Vorräte im Auto

Sie können zusätzliche Vorräte in Ihrem Auto aufbewahren. Bewahren Sie sie aus Sicherheitsgründen im Kofferraum auf, mit Ausnahme der letzten beiden Gegenstände, die Sie im Notfall griffbereit haben müssen.

- Decken.
- Zusätzliche Lebensmittel, Wasser, Taschenlampen und Batterien.

- Treibstoff.
- Bergungs- und Reparaturmaterial.
- Unterhaltung (Bücher, Karten, Laptops usw.).
- Ladegeräte.
- Ein kleiner Feuerlöscher.
- Ein Nothammer.

Legen Sie Ihre persönlichen BOBs nicht in den Kofferraum. Bewahren Sie sie in Reichweite auf, falls Sie Ihr Auto in Eile verlassen müssen.

Wichtige Unterlagen

Sammeln Sie alle folgenden Unterlagen. Bewahren Sie die Originale in einem feuerfesten Tresor (oder an einem anderen sicheren Ort) auf und teilen Sie Ihrer Familie mit, wo sie sich befinden. Fotokopieren Sie alles und bewahren Sie die Fotokopien in Ihrem BOB auf. Achten Sie darauf, dass alles auf dem neuesten Stand ist.

- Ihr Testament.
- Ihre Vollmachten.
- Notfall-/wichtige Kontakte (Nummern und Adressen).
- Ihren Reisepass (oder einen anderen Ausweis, wenn Sie keinen haben).
- Versicherungsinformationen.
- Nachweis des Wohnsitzes (Rechnung eines Versorgungsunternehmens).
- Zugang zu den Finanzen (bewahren Sie keine Fotokopie davon in Ihrem BOB auf).
- Persönliches Infoblatt und Aufzeichnung.

Ein persönliches Infoblatt ist ein einzelnes Blatt, das Rettungskräften helfen soll, Sie zu finden und/oder zu identifizieren. Jedes Familienmitglied sollte sein eigenes Infoblatt handschriftlich ausfüllen und eine Tonaufnahme der Informationen machen. Auf diese Weise haben die Rettungskräfte Schrift- und Stimmproben.

Jedes Blatt/jede Aufnahme sollte Folgendes enthalten:

- Name.
- Spitznamen.
- Geburtsort.
- Geburtsdatum.
- Anschrift.
- Telefonnummer.
- Körperliche Beschreibung (einschließlich besonderer Merkmale wie Tätowierungen oder Muttermale).
- Verschreibungen (Augen, Medikamente).
- Anweisungen für Verschreibungen.
- Fahrzeug (Farbe, Typ, Nummernschild).
- Schul-/Arbeitsadresse und Kontakte.
- Kontaktangaben zu den engsten Freunden/Verwandten.
- Hobbys.
- Ausbildung.

Verwandte Kapitel:

- Sammelpunkte

SAMMELPUNKTE

Ein Sammelpunkt ist ein vorher festgelegter Ort, an dem sich Ihre Gruppe trifft, falls etwas schiefgeht. Er ist kein „Gegenstand" im eigentlichen Sinne, aber es ist praktisch, ihn zu „haben".

Es gibt verschiedene Arten von Sammelpunkten, und es ist üblich, verschiedene Sammelpunkte für verschiedene Situationen einzurichten. Wenn Sie mehrere Sammelpunkte haben, planen Sie, wann und wie Sie jeden einzelnen nutzen.

Denken Sie daran, an den ständigen Sammelpunkten einige grundlegende Vorräte, wie Lebensmittel, Wasser und Taschenlampen, zu deponieren.

Geben Sie die Lage Ihrer Sammelpunkte niemals an Außenstehende weiter.

Vorläufige Sammelpunkte

Legen Sie immer dann, wenn Sie sich an einem neuen Ort befinden, einen vorübergehenden Sammelpunkt fest. Wählen Sie einen leicht zu findenden Ort, z. B. eine Sehenswürdigkeit. Die meisten Leute tun dies ohnehin und sagen Dinge wie: „Wenn wir uns trennen, treffen wir uns um 15.30 Uhr am Eingang des Einkaufszentrums" oder „Wenn du dich im Supermarkt verirrst, geh zur Kasse Nr. 6".

Primärer Sammelpunkt

Dieser Sammelpunkt ist der Ort, an dem Sie sich treffen können, wenn Sie einem Zwischenfall entkommen sind, z. B. einem Feuer oder einem Einbruch in ein Haus. Suchen Sie sich einen relativ nahe gelegenen und sicheren Ort, z. B. das Haus eines vertrauenswürdigen Nachbarn oder eine örtliche 24-Stunden-Tankstelle.

Entscheiden Sie, wann Sie den Treffpunkt aufsuchen wollen:

- Wie lange Sie dort warten, bevor Sie zu Ihrem zweiten Sammelpunkt gehen.
- Wann Sie ihn überspringen und direkt zum zweiten Sammelpunkt gehen.

Sekundärer Sammelpunkt

Dies ist ein alternativer Sammelpunkt, den Sie aufsuchen können, wenn der primäre Sammelpunkt nicht zweckdienlich ist. Er sollte an einem öffentlichen, nicht jedoch an einem offensichtlichen Ort liegen. Ein Beispiel wäre eine Kneipe, die Sie nie besuchen. Außerdem muss er von üblichen Orten wie dem Wohnort, der Arbeit oder der Schule aus leicht zu erreichen sein.

Verstecke

Verstecke sind keine wirklichen Sammelpunkte, da Sie sich dort über einen längeren Zeitraum aufhalten werden.

In den meisten Fällen treffen Sie sich mit Ihrer Familie an einem Sammelpunkt und macht euch dann auf den Weg zu eurem Versteck, aber ihr könnt euch auch direkt im Versteck treffen.

Ein Versteck sollte mit Lebensmitteln, Wasser, einem Erste-Hilfe-Kasten und anderen Vorräten bestückt sein.

Beispiele für gute Verstecke sind:

- Verlassene Gebäude, die Sie als sicher eingestuft haben.
- Ein Hotelzimmer (obwohl Sie dort keine Vorräte lagern können).
- Ein „geheimes" Grundstück außerhalb der Stadt oder in einer benachbarten Stadt.

Routen

Sie müssen mehrere Zugangs- und Fluchtrouten zu und von allen Arten von Sammelpunkten planen und sich überlegen, wann Sie am besten kommen und gehen können, ohne Verdacht zu erregen. Diese hängen von der jeweiligen Situation ab.

Verwandte Kapitel:

- Einbruch in das Haus

PLÄNE FÜR DEN ERNSTFALL

Dieser Abschnitt enthält eine Auswahl von Plänen, die in verschiedenen Situationen zu befolgen sind, zusammen mit zusätzlichen Informationen. Verwenden Sie die Pläne so, wie sie sind, oder passen Sie sie an Ihre Bedürfnisse an.

ALLGEMEINER NOTFALL-FLUCHTPLAN

Planen Sie jedes Mal eine Flucht, wenn Sie einen neuen Raum betreten. Bestimmen Sie:

- Drei Dinge, die Sie als Waffe benutzen könnten.
- Wo sich die Ausgänge befinden und welche Sie benutzen werden. Bestimmen Sie einen Haupt- und einen Reservefluchtweg.
- Vorübergehende Sammelpunkte (wenn Sie in einer Gruppe sind).

Verwandte Kapitel:

- Sammelpunkte

ANRUFEN VON NOTDIENSTEN

Es ist unabdingbar, die Notrufnummern des Landes zu kennen, in dem Sie sich befinden.

Stellen Sie sicher, dass die Kinder das Telefon erreichen können und wissen, wie man es im Notfall benutzt. Legen Sie eine Liste mit Notrufnummern in der Nähe des Telefons ab.

Wenn Sie den Notdienst anrufen, sprechen Sie deutlich und langsam und verwenden Sie das folgende Format:

- Ich brauche (Notdienst einfügen) am (Ort).
- Meine Telefonnummer lautet (optional, aber empfohlen, damit man Sie bei Bedarf zurückrufen kann).
- Beschreiben Sie den Vorfall und geben Sie weitere sachdienliche Informationen an, z. B. eine Beschreibung des Opfers und/oder des Täters, Einzelheiten zu den Verletzungen oder die Telefonnummer der nächsten Angehörigen.

Legen Sie erst auf, wenn Sie dazu aufgefordert werden, falls das Notfallpersonal Ihnen Anweisungen geben muss.

Wenn Sie nicht sprechen können, rufen Sie an und legen den Hörer so ab, dass die Einsatzkräfte mithören können. Tippen Sie SOS auf den Lautsprecher, wenn Sie können. Auch wenn es totenstill ist, können sie den Anruf zurückverfolgen.

Eine weitere Möglichkeit besteht darin, die Informationen per Massen-SMS an alle Ihre Kontakte zu senden. Beginnen Sie Ihren Text mit „Dies ist kein Scherz. Schicken Sie die Polizei."

Stellen Sie Ihr Telefon auf lautlos, falls einer Ihrer Kontakte Sie zurückruft.

Um die Tatsache zu verbergen, dass Sie die Polizei anrufen, tun Sie so, als ob Sie mit jemand anderem sprechen, z. B. mit Ihrer Mutter oder Ihrem Ehepartner.

Klingen Sie natürlich, wenn Sie die Fragen des Notrufmitarbeiters beantworten. Beantworten Sie dazu die Frage direkt und fügen Sie dann improvisierte Inhalte hinzu. Zum Beispiel:

- **Zentrale**: Um welchen Notfall handelt es sich?
- **Sie**: Hallo, Schatz. Ich wollte nur bestätigen, dass wir uns heute Abend zum Essen treffen.
- **Zentrale**: Benötigen Sie polizeiliche Hilfe?
- **Sie**: Ja, bitte, bald. Ich bekomme jetzt schon Hunger. Ich komme gerade an (Name der Straße) vorbei und sollte Sie in etwa fünf Minuten in (Name des Ortes) treffen können.
- **Zentrale**: Okay, wir verfolgen Ihr Handy. Sie können aufhören zu sprechen, aber legen Sie nicht auf.
- **Sie**: Okay, super; danke.

Wenn Sie versehentlich den Notdienst anrufen, legen Sie nicht auf, sonst könnte jemand geschickt werden. Informieren Sie die Vermittlung, dass es sich um einen Irrtum handelt.

WIDERSTAND LEISTEN

Wenn jemand versucht, Sie zu entführen, besteht Ihre beste Überlebenschance darin, sich zu wehren und so viel Aufsehen wie möglich zu erregen.

Wenn Sie erst einmal im Fahrzeug sitzen, sinken Ihre Fluchtchancen drastisch. Schreien Sie um Hilfe und greifen Sie Ihren Entführer an empfindlichen Stellen an.

- Augen (ausstechen).
- Leistengegend (greifen und drehen, treten, Kniestoß).
- Schienbein (Tritt).
- Finger (verdrehen).
- Kehle/Hals (Ellenbogenstoß, Schlag, Stich).
- Piercings (herausreißen.)

Sobald Sie frei sind, laufen Sie in „sichere“ Bereiche (solche mit guter Beleuchtung und vielen Menschen). Schmeißt unterwegs Dinge um, um dem Verfolger Hindernisse in den Weg zu legen.

Schreien Sie während der Flucht weiter um Hilfe und rufen Sie den Notdienst. Lösen Sie die Alarmanlage von Autos und Geschäften aus, indem Sie auf sie einschlagen oder Scheiben einschlagen.

Wenn es keine sicheren Bereiche gibt und Sie ein unverschlossenes Auto finden, steigen Sie hinein und schließen Sie sich ein. Hupen Sie in einem SOS-Muster (... - - - - ...).

Ein guter letzter Ausweg ist das Verstecken unter einem geparkten Auto. Halten Sie sich an etwas an der Unterseite fest und treten Sie, wenn er versucht, Sie zu erwischen.

Sich zu wehren ist wichtig, aber man muss auch wissen, wann man aufhören muss. Wenn Sie wissen, dass Sie unterlegen sind, besteht Ihre beste Überlebenschance darin, zu kooperieren.

Dies verhindert weitere Verletzungen und/oder Fesseln, so dass Sie die nächste Gelegenheit zur Flucht nutzen können.

Um mehr über Selbstverteidigung zu erfahren, besuchen Sie:

www.SFNonFictionbooks.com/Foreign-Language-Books

SEXUELLER ANGRIFF

Die Wahrscheinlichkeit, bei einem sexuellen Übergriff getötet zu werden, ist höher als bei einer Entführung mit Lösegeldforderung. Schreien Sie deshalb nur, wenn Sie wahrscheinlich gehört werden; andernfalls könnte Ihr Angreifer Sie zum Schweigen bringen.

Wenn Sie ihm sagen, dass Sie eine Geschlechtskrankheit (Herpes, Hepatitis B, AIDS) haben, kann das ausreichen, um ihn abzuschrecken. Geben Sie genau an, was Sie haben, damit Ihre Geschichte glaubwürdiger ist.

Wenn das nicht funktioniert und Sie ihn nicht abwehren können, tun Sie Ihr Bestes, um DNA-Proben (Blut, Haut, Haare) zu sammeln, damit der Täter nach dem Vorfall leichter überführt werden kann.

Nach dem sexuellen Übergriff ist es wichtig, alle Beweise zu sichern. Lassen Sie den Tatort unangetastet und waschen Sie sich nicht, bis Sie von einem Gerichtsmediziner dazu aufgefordert werden.

Gehen Sie so schnell wie möglich an einen sicheren Ort (für den Fall, dass der Angreifer zurückkommt) und rufen Sie dann die Polizei an (oder rufen Sie sie unterwegs an, wenn Sie ein Telefon haben).

Nachdem Sie die Behörden angerufen haben, schreiben Sie eine Beschreibung des Angreifers auf. Versehen Sie sie mit einem Zeitstempel und einem Datum.

Wenn Sie von den Behörden „bearbeitet" wurden, suchen Sie eine Beratungsstelle auf. Lassen Sie sich drei Monate nach dem Vorfall untersuchen, um sicherzugehen, dass Sie sich nicht eine Krankheit mit verzögerten Symptomen zugezogen haben.

Vorbeugung von Sexualstraftaten an Kindern

Bringen Sie Kindern Folgendes bei, um das Risiko eines sexuellen Übergriffs zu minimieren:

- Dass es in Ordnung ist, Nein zu sagen, wenn Erwachsene die Kinder auffordern, etwas zu tun, von dem Sie ihnen beigebracht haben, dass es falsch ist.
- Sie sollen Ihnen davon erzählen, wenn ein Erwachsener sie bittet, ein Geheimnis zu bewahren.
- Dass niemand das Recht hat, sie an Stellen zu berühren, die ein Badeanzug verdecken würde.
- Sie sollen es Ihnen sagen, wenn jemand ihr Geschlechtsteil entblößt.
- Dass sie nicht in Toiletten herumlungern dürfen. (Begleiten Sie sie immer.)
- Sich fremden Erwachsenen nicht zu nähern, ihnen zu helfen oder Dinge von ihnen anzunehmen.
- Nicht ohne Ihre Erlaubnis, das Haus anderer Leute zu betreten.
- Wie man den Panik-Satz benutzt.

Verwandte Kapitel:

- Warnysteme Einrichten

STALKER

In diesem Abschnitt beziehen sich die Begriffe „Stalker“ und „Verfolger“ auf eine Person (oder mehrere Personen), die Sie verfolgen. Dabei kann es sich um einen klassischen Stalker handeln (jemand mit einer ungesunden Besessenheit) oder um eine Überwachung für ein zukünftiges Verbrechen. Die besten Möglichkeiten, einen Stalker abzuwehren, sind Wachsamkeit und zufälliges Verhalten:

- Schauen Sie sich oft um.
- Vergewissern Sie sich, dass Ihnen niemand folgt, wenn Sie ein Gebäude verlassen.
- Ändern Sie Ihren Tagesablauf, wenn möglich.
- Nehmen Sie andere Wege zu Orten, die Sie regelmäßig aufsuchen.

Wiedererkennen

Wenn Sie wiederholt dieselben Personen und/oder Autos über einen längeren Zeitraum und/oder eine längere Strecke hinweg beobachten, ist dies ein Anzeichen für einen Stalker.

Verbessern Sie Ihre Fähigkeit, Personen zu erkennen, indem Sie sich bestimmte Merkmale merken: Größe, Körperbau, Gesichtszüge, Haare, Art des Gangs, Gegenstände, die sie bei sich tragen, usw. Das Überprüfen der Schuhe ist nützlich. Die Kleidung lässt sich leicht wechseln, die Schuhe jedoch nicht.

Machen Sie dasselbe mit den Fahrzeugen (Marke, Modell, Größe, Farbe, Kennzeichen usw.). Achten Sie besonders auf widerrechtlich geparkte Fahrzeuge, geparkte Fahrzeuge, in denen sich Personen befinden, und Personen, die fehl am Platz aussehen.

Bestätigung

Wenn Sie glauben, dass Sie einen Stalker haben, biegen Sie ein paar Mal ab und schauen Sie, ob er Ihnen folgt. Wenn er Ihnen nach drei Abbiegungen immer noch folgt, haben Sie in der Regel einen Verfolger.

So können Sie sich unauffällig vergewissern:

- Schauen Sie auf die Reflexionen in Spiegeln, Fenstern und glänzenden Gegenständen.
- Machen Sie eine scharfe Kehrtwende (z. B. um eine Rolltreppe zu nehmen), damit Sie sofort in die andere Richtung sehen können.
- Führen Sie ihn in einen Trichter, z. B. einen Korridor oder eine Schnellstraße. Achten Sie darauf, dass Sie dabei nicht isoliert werden, sonst könnten Sie angegriffen werden.
- In Sackgassen gehen.
- Verlangsamen Sie Ihr Tempo.

Wenn Sie direkter sein wollen, drehen Sie sich um und starren Sie ihn an. Ein Amateur-Stalker wird schnell nervös und verrät sich.

Handeln

Sobald Sie sich vergewissert haben, dass es sich um einen Stalker handelt, notieren Sie sich eine Beschreibung der Person(en) und des Fahrzeugs/der Fahrzeuge. Danach müssen Sie entscheiden, wie Sie vorgehen wollen. Sie haben zwei Möglichkeiten: Konfrontieren Sie ihn oder werden Sie ihn los.

Egal, wofür Sie sich entscheiden, Sie müssen es tun, bevor Sie zu Ihrem Fahrzeug gehen (wenn Sie zu Fuß unterwegs sind) oder nach Hause kommen. Sie müssen ihm sämtliche Informationen über Sie verwehren, insbesondere darüber, wo Sie wohnen.

Konfrontation

Dies ist eine gute Option, wenn Sie sich an einem öffentlichen Ort befinden, an dem es unwahrscheinlich ist, dass er Sie angreift, und es reicht oft aus, um ihn abzuschrecken. Lassen Sie ihn wissen, dass Sie wissen, dass er Ihnen folgt, ohne ihn direkt zu beschuldigen. Fragen Sie ihn nach der Uhrzeit, oder sagen Sie: „Kann ich Ihnen helfen?" Wenn er hartnäckig bleibt, werden Sie direkter. Sagen Sie ihm mit lauter, fester Stimme, dass er aufhören soll, Sie zu belästigen, sodass andere es hören können. Scheuen Sie sich nicht, den Notrufknopf zu drücken, wenn Sie in öffentlichen Verkehrsmitteln unterwegs sind, oder die Behörden zu alarmieren.

Abschütteln

Wenn eine Konfrontation gefährlich wäre oder Sie sich nicht sicher sind, ob der Verfolger echt ist, versuchen Sie, ihn abzuhängen.

Am einfachsten ist es, wenn Sie sich an einen sicheren Ort begeben, z. B. in ein Café, eine Bibliothek oder eine Polizeistation, und dort warten, bis er verschwindet. Gehen Sie auf dem Weg dorthin durch dicht besiedelte Gebiete, denn so können Sie ihn vielleicht auf natürliche Weise abschütteln. Ein Gelegenheitsverbrecher wird sich wahrscheinlich nicht die Mühe machen, zu warten, während Sie in einem Café eine Mahlzeit einnehmen oder ein Buch lesen. Machen Sie deutlich, dass Sie für eine Weile dort verweilen wollen.

Sie können dies auch mit einer Konfrontation kombinieren. Wenn Sie sich in einem Restaurant hinsetzen und nur auf Ihren Verfolger starren, wird er wissen, dass Sie ihn sehen. Sie könnten bei dieser Gelegenheit auch einen Freund anrufen, der sich mit Ihnen trifft.

Wenn er immer noch wartet, wenn Sie gehen, gehen Sie schnell um ein paar Ecken, um ihn abzuhängen. Eine weitere Möglichkeit besteht darin, ein Gebäude mit mehreren Ausgängen zu betreten und es dann durch einen anderen Ausgang zu verlassen.

Wenn Sie im Auto sitzen, fahren Sie durch eine Gegend mit vielen Ampeln und/oder Stoppschildern.

Ein schneller Wechsel des Erscheinungsbildes wird Ihnen helfen, die Verfolger abzuhängen. Nehmen Sie eine solche Veränderung vor, sobald Ihr Verfolger Sie kurzzeitig aus den Augen verliert, z. B. wenn Sie um eine Ecke biegen oder in eine Menschenmenge laufen.

Hier sind einige Ideen:

- Bedecken Sie Ihr Gesicht mit einem Hut und einer Sonnenbrille, einer Staubmaske oder einem Kapuzenpulli.
- Ziehen Sie einen Mantel aus oder an, um verschiedene Farben und/oder Muster zu zeigen.
- Ziehen Sie Schuhe, eine Tasche und/oder Accessoires an.
- Ändern Sie Ihre Körperhaltung.

Ernste Bedrohungen

Die Informationen in diesem Abschnitt sind für den Fall gedacht, dass Sie es mit einem Langzeit-Stalker zu tun haben, z. B. einem Ex-Freund, oder dass Sie ständig von einer Einzelperson oder Gruppe belästigt werden.

- Ändern Sie Ihre Routine und Ihr Verhalten.
- Überwachen Sie die Bedrohung, egal ob es sich um eine Einzelperson oder eine Gruppe handelt. Finden Sie alles heraus, was Sie können (ohne selbst zu einem Stalker zu werden).
- Erhöhen Sie die Sicherheit und Ihre Wachsamkeit.
- Brechen Sie jeden Kontakt mit dem Stalker ab und bitten Sie Familie und Freunde, dasselbe zu tun.
- Suchen Sie die Bedrohung nicht persönlich auf oder lassen die Situation auf andere Weise eskalieren.
- Informieren Sie andere über die Situation (Freunde, Familie, Kollegen, Polizei). Halten Sie sie über Ihre Pläne/Reisepläne auf dem Laufenden.

- Sammeln Sie Beweise. Machen Sie Screenshots von seiner Telefonnummer, nehmen Sie seine Sprachnachrichten auf, und halten Sie Datum und Uhrzeit schriftlich fest.
- Ziehen Sie eine einstweilige Verfügung in Erwägung, obwohl dies die Situation noch verschlimmern könnte, wenn die Person instabil ist.
- Ziehen Sie in Erwägung, umzuziehen und/oder dauerhaft zu verschwinden.

Böswillige Telefonanrufe

Die beste Vorgehensweise bei böswilligen Anrufen ist, sie zu ignorieren. Legen Sie auf und blockieren Sie die Nummer. Wenn die Anrufe andauern oder Gewalt angedroht wird, sollten Sie Aufzeichnungen über die Interaktionen machen, die Polizei rufen und Ihre Telefongesellschaft benachrichtigen. Geben Sie dem Anrufer gegenüber niemals zu, dass Sie allein sind.

Verwandte Kapitel:

- Dauerhaft Untertauchen

SICHERHEITSROUTINE FÜR ZUHAUSE

Diese Haussicherheitsroutine sorgt dafür, dass Ihr Haus so sicher wie möglich vor Eindringlingen, Bränden und anderen potenziellen Katastrophen ist. Tun Sie dies, bevor Sie zu Bett gehen oder das Haus verlassen:

- Schließen und verriegeln Sie alle Türen und Fenster (auch in der Garage).
- Schließen Sie alle Jalousien.
- Schalten Sie die Innenbeleuchtung aus.
- Schalten Sie die Außenbeleuchtung ein.
- Ziehen Sie den Stecker von Stromleisten.
- Stellen Sie sicher, dass alle Gasgeräte ausgeschaltet sind.
- Schalten Sie den Hausalarm ein.

Wenn jeder die Sicherheitsroutine einhält, ist es einfach zu wissen, ob jemand in Ihrem Haus ist, sobald Sie nach Hause kommen. Wenn ein Fenster offen ist oder ein fremdes Auto in der Einfahrt steht, ist das ein Zeichen für einen möglichen Einbruch.

Wenn niemand zu Hause sein sollte, sollten Sie Ihr Haus nicht betreten. Rufen Sie alle Familienmitglieder an, um herauszufinden, ob jemand unerwartet zu Hause ist; ist dies nicht der Fall, rufen Sie die Polizei und warten Sie bei einem vertrauenswürdigen Nachbarn auf deren Eintreffen.

DIE HAUSTÜR AUFMACHEN

Sie sollten niemals einem Besucher vertrauen, ohne ihn vorher zu überprüfen. Selbst ein vertrauter Freund kann ein unwilliger Köder sein. Beachten Sie die folgenden Tipps, um die Tür sicher zu öffnen.

Beobachten Sie den Besucher, ohne die Tür aufzusperren. Benutzen Sie einen Türspion, ein Sicherheitsgitter oder ein Fenster. Wenn es sich um einen Fremden handelt, sprechen Sie mit ihm durch die geschlossene Tür/das geschlossene Fenster. Lassen Sie ihn wissen, dass Sie zu Hause sind, aber erwähnen Sie nie, dass Sie allein sind.

Hüten Sie sich vor Trickbetrügern. Achten Sie auf Folgendes:

- Firmenausweis.
- Uniform mit Firmenlogo.
- Firmenfahrzeug.
- Paketverfolgung.

Rufen Sie im Zweifelsfall das Unternehmen an, um es sich bestätigen zu lassen.

Öffnen Sie nachts niemals die Tür, es sei denn, Sie haben den erwarteten Besucher eindeutig identifiziert.

Wenn Sie einem fremden Besucher die Tür öffnen, sollten Sie sich mit aller Kraft dagegen stemmen, falls er plötzlich versucht, hereinzudrängen.

Lassen Sie keine unbefugten Personen in Ihr Haus. Unter normalen Umständen gilt diese Regel sogar für die Polizei, es sei denn, sie hat einen Durchsuchungsbefehl.

Um die Notwendigkeit, die Tür zu öffnen, so gering wie möglich zu halten, verlangen Sie, dass Ihre Lieferungen nicht unterschrieben werden müssen. Geben Sie Anweisungen, wo ein Zusteller ein Paket hinterlegen kann, oder holen Sie es selbst im Geschäft oder bei der Post ab.

EINBRUCH IN DAS HAUS

Wenn eines (oder mehrere) Ihrer Warnsysteme ausgelöst werden, müssen Sie und alle anderen Mitglieder Ihres Haushalts sofort Maßnahmen ergreifen:

- Schnappen Sie sich Ihren BOB (wenn möglich).
- Begeben Sie sich in den Schutzraum.

Sie können im Vorfeld zusätzliche Aufgaben verteilen, zum Beispiel:

- Die Polizei rufen.
- Eine Waffe besorgen.
- Anderen (kleinen Kindern, älteren Menschen, Behinderten) helfen, in den Schutzraum zu gelangen.
- Das Haus zu räumen.

Wenn Sie keinen Schutzraum haben, laufen Sie durch die Tür, durch die der Eindringling gekommen ist. Begeben Sie sich an einen sicheren Ort und rufen Sie die Polizei.

Rufen Sie niemals „Wer ist da?". Dadurch weiß der Eindringling, dass Sie allein sind.

Wenn Sie aufwachen und einen Eindringling in Ihrem Schlafzimmer bemerken, tun Sie so, als ob Sie noch schlafen würden, um eine gewaltsame Konfrontation zu vermeiden.

Ihr Haus sichern

Um Ihr Haus zu sichern, benötigen Sie eine Taschenlampe und eine Waffe. Versuchen Sie nicht, es ohne diese Dinge zu tun.

Nehmen Sie eine Verteidigungsposition ein. Dazu positionieren Sie sich zwischen den potenziellen Eindringlingen und Ihrer Familie und stellen sicher, dass niemand an Ihnen vorbeikommt. Das obere Ende einer Treppe eignet sich gut.

Rufen Sie eine Warnung, z. B. „Die Polizei ist unterwegs und ich habe eine Waffe".

Sobald Sie glauben, dass der/die Eindringling(e) das Haus verlassen hat/haben, können Sie das Haus sichern. Gehen Sie langsam, leise und sehr vorsichtig vor.

Lassen Sie das Licht aus. Die Dunkelheit verschafft Ihnen einen Vorteil, da Sie den Grundriss Ihres Hauses kennen. Benutzen Sie bei Bedarf Ihre Taschenlampe.

Sichern Sie einen Raum nach dem anderen. Suchen Sie hinter allen Möbeln und anderen Verstecken. Schauen Sie oft hinter sich selbst.

Sichern Sie die Ecken, indem Sie „die Torte aufschneiden", d. h. Sie sichern den Bereich, den Sie sehen können, dann ein bisschen mehr, dann ein bisschen mehr, usw. Bewegen Sie sich allmählich um die „Außenseite des Kuchens" herum und sichern die Ecke Stück für Stück.

Scannen Sie bei jedem Seitenschritt vom Boden aus nach oben.

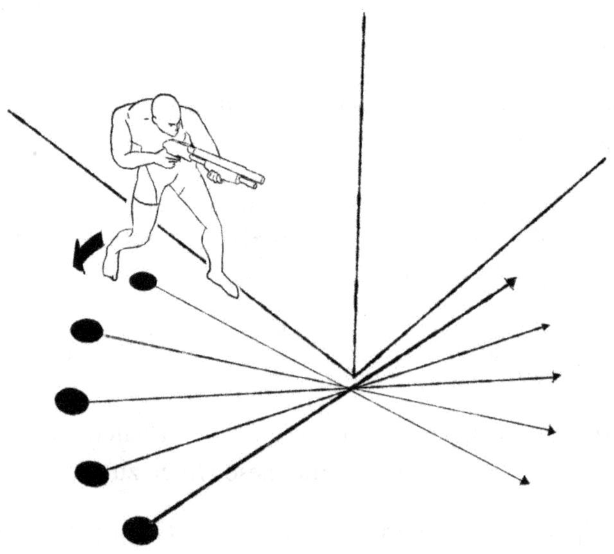

Um eine Türöffnung zu sichern, schneiden Sie die Torte so klein wie möglich, bevor Sie hindurchtreten.

Bewegen Sie sich schnell durch die Tür, um den „tödlichen Trichter" zu vermeiden, in dem Sie höchstwahrscheinlich erschossen werden. Sobald Sie den Durchgang passiert haben, gehen Sie mit dem Rücken zur Wand an einer der beiden Seiten entlang, um die Ecken des Raumes zu sichern.

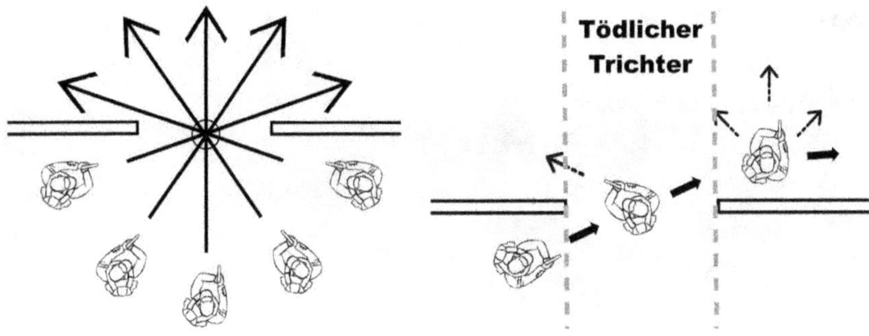

Um einen T-Gang zu sichern, schneiden Sie die Torte in Scheiben und sichern so eine Seite nach der anderen.

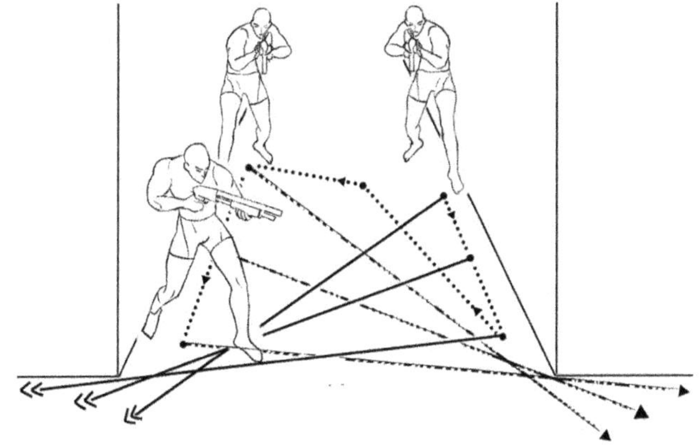

Wenn Sie auf einen Eindringling stoßen, versuchen Sie nur dann, ihn zu überwältigen, wenn Sie von anderen unterstützt werden.

Überfall im Militärstil

Wenn die Regierung oder gut organisierte Kriminelle Ihr Haus stürmen, ist Ihre beste Überlebenschance, sich zu fügen, es sei denn, Sie können schnell entkommen. Bleiben Sie ruhig stehen, nehmen Sie die Hände hoch und tun Sie, was Ihnen gesagt wird. Geben Sie keine Informationen preis.

Verwandte Kapitel:

- Fesseln einer Wache

VERDÄCHTIGE POST

Eine zufällige Briefbombe oder biologische Bedrohung ist unwahrscheinlich. Überlegen Sie, ob Sie aufgrund Ihres Lebensstils oder Ihrer Karriere eine Zielscheibe sind.

Auch wenn Sie kein hochrangiges Ziel sind, kann es nicht schaden, vorsichtig zu sein. Achten Sie auf die folgenden Anzeichen für verdächtige Post:

- Keine Absenderadresse.
- Ungewöhnliche Größe, Form, Gewicht oder Beschaffenheit (klebrig, pulvrig usw.).
- Eine übermäßige Anzahl von Briefmarken.
- Geruch.
- Drähte oder Schnüre.
- Unordentliche Handschrift/Rechtschreibfehler.
- Undichte Stellen.

Wenn Sie verdächtige Post entdecken, ergreifen Sie die folgenden Maßnahmen:

- Schütteln Sie das Paket nicht.
- Decken Sie es ab, aber berühren Sie keine verschütteten Flüssigkeiten.
- Stecken Sie es in eine Plastiktüte, um ein Auslaufen zu verhindern.
- Verlassen Sie den Raum und sichern Sie ihn ab.
- Waschen Sie sich die Hände mit Wasser und Seife.
- Kontaktieren Sie die Behörden.
- Listen Sie alle Personen auf, die sich in dem Raum aufgehalten haben, und geben Sie die Liste an die Behörden weiter.

AUFZÜGE

Wenn Sie sich allein in einem Aufzug befinden, sind Sie aufgrund der Isolation besonders gefährdet. Halten Sie sich in der Nähe der Tür und der Knöpfe auf. Wenn jemand einsteigt, bei dem Sie ein ungutes Gefühl haben, steigen Sie schnell aus. Wenn Sie angegriffen werden, drücken Sie nicht den Not-Aus-Knopf. Drücken Sie stattdessen alle Etagenknöpfe. Schreien Sie um Hilfe und versuchen Sie zu entkommen, sobald sich die Tür öffnet.

ÜBERFALL IM AUTO

Hier erfahren Sie, wie Sie sich bei einem sogenannten Carjacking am besten in Sicherheit bringen können. Viele dieser Ratschläge werden auch einen allgemeinen Autodiebstahl verhindern.

In Ihrem Auto

Solange Sie unterwegs sind, sind Sie im Allgemeinen sicher. Wenn Sie anhalten oder langsamer werden, müssen Sie Ihre Aufmerksamkeit erhöhen.

Halten Sie immer einen Fluchtweg bereit. Um sicherzustellen, dass Sie genug Platz haben, um wegzufahren, lassen Sie einen ausreichenden Abstand, damit Sie die Reifen des Fahrzeugs vor Ihnen sehen können. Zögern Sie nicht, wegzufahren, wenn es nötig ist, selbst wenn Sie von der Straße abkommen müssen.

Lassen Sie Ihre Fenster geschlossen, die Türen verriegelt und den Gang eingelegt. Wenn sich jemand Ihrem Auto nähert, sprechen Sie durch das Fenster. Wenn Sie es öffnen müssen, z. B. wenn ein Polizeibeamter Sie darum bittet, öffnen Sie es nur einen kleinen Spalt.

Wenn Sie in einem stehenden Fahrzeug warten (z. B. im Straßenverkehr), überprüfen Sie häufig Ihre Spiegel, ob sich jemand nähert. Wenn Sie eine Frau sind, bewahren Sie einen Männerhut im Auto auf und tragen Sie ihn, wenn Sie nachts allein warten müssen (z. B. auf jemanden, der ein technisches Problem repariert).

Parken

Autodiebstähle passieren oft, wenn Sie zu einem geparkten Auto zurückkehren. Um dies zu verhindern, parken Sie rückwärts in gut beleuchteten Bereichen, fern von möglichen Verstecken und in der Nähe des Gebäudeausgangs oder der Aufzüge des Parkhauses.

Diebstahlsicherungen (Alarmanlage, Wegfahrsperre, Lenkradschloss, Tracker) sind eine gute zusätzliche Abschreckung.

Parken Sie nie dort, wo Sie festgehalten oder abgeschleppt werden könnten.

Verlassen Sie Ihr Fahrzeug nie ohne Ihre Schlüssel.

Wenn Sie sich Ihrem geparkten Fahrzeug nähern, halten Sie Ihre Schlüssel in der Hand, wobei die Schlüssel durch Ihre Finger nach außen zeigen. Dies ist eine gute improvisierte Waffe, und wenn Sie die Schlüssel in der Hand halten, kommen Sie schneller in Ihr Auto.

Wenn Ihr Auto über eine Drucktastenentriegelung verfügt, sollten Sie diese erst dann betätigen, wenn Sie bereit sind, einzusteigen.

Wenn sich jemand Verdächtiges in der Nähe Ihres Autos befindet, drehen Sie um und bringen Sie sich in Sicherheit. Bitten Sie um eine Begleitperson (z. B. den Sicherheitsdienst, den Lageristen) und/oder aktivieren Sie aus der Ferne Ihren Fernalarm, um die Person zum Weggehen zu bewegen.

Steigen Sie ein und sichern Sie Ihr Auto schnell. Wenn Sie in einem verschlossenen Auto sitzen, können Sie sich und/oder Ihre Kinder organisieren, aber verweilen Sie nicht.

Wenn in Ihr Auto eingebrochen wurde, überprüfen Sie vor dem Einsteigen die Unterseite und das Innere, falls sich dort jemand versteckt hat.

Im Falle eines Angriffs

In der Regel und vor allem, wenn Sie es mit einem bewaffneten Dieb zu tun haben, ist es am besten, Ihr Auto aufzugeben, aber nicht sich selbst oder andere Insassen.

Wenn Sie Kinder im Auto haben, sagen Sie den Kriminellen, dass Sie sie mitnehmen, bevor Sie das Fahrzeug verlassen (fragen Sie ihn nicht).

Wenn jemand Ihre Schlüssel verlangt, während Sie sich außerhalb Ihres Autos befinden, werfen Sie sie in die entgegengesetzte Richtung Ihres Fluchtweges und rennen Sie weg, wenn er den Schlüsseln nachläuft.

Wenn er den Schlüsseln nicht nachläuft, wissen Sie, dass Sie und nicht Ihr Auto sein eigentliches Ziel sind. Wenn er eine Waffe hat, halten Sie das Auto zwischen Ihnen und ihm. Alternativ können Sie auch zum nächsten Hindernis/zur nächsten Barriere (z. B. einem Betonpfeiler) laufen. Laufen Sie von Deckung zu Deckung, bis Sie in Sicherheit sind.

Wenn Sie in ein Auto gezwungen werden, betrachten Sie dies als Entführung.

Wenn Sie gezwungen werden zu fahren, können Sie das tun:

- Überfahren Sie rote Ampeln und hupen Sie, um Aufmerksamkeit zu erregen.
- Zu einer Polizeistation fahren.
- In einen kleinen Unfall verwickelt werden.

Wenn Sie im Auto sitzen und jemand versucht, einzusteigen (und Sie nicht wegfahren können), hupen Sie nach dem SOS-Muster (… - - - …) und rufen Sie um Hilfe.

Wenn jemand eine Waffe durch Ihr Fenster steckt, halten Sie sie auf dem Armaturenbrett fest und fahren Sie weg.

AUTOUNFÄLLE

Diese Ratschläge gehen davon aus, dass Sie in einen echten Autounfall verwickelt sind und es sich nicht um einen Kollisionsbetrug handelt.

Wenn Sie sich in einem abgelegenen Gebiet befinden, fahren Sie am besten weiter, bis Sie einen sicheren Ort erreicht haben, vorausgesetzt, Ihr Auto ist noch fahrbereit.

Wenn Sie sich bereits in einem bewohnten Gebiet befinden, bewegen Sie das Fahrzeug in die Nähe des Unfallortes, aber nicht an eine Stelle, an der es den Verkehr behindern würde. Sichern Sie den Bereich ab, indem Sie prüfen, ob keine Gefahren bestehen, Erste Hilfe leisten und den Gegenverkehr vor dem Unfall warnen.

Rufen Sie den Notdienst an und machen Sie anschließend Fotos und Notizen. Notieren Sie Datum, Uhrzeit, Wetter, Art des Unfalls usw. Versehen Sie Ihre Notizen mit Datum und Zeitstempel und unterschreiben Sie sie.

Tauschen Sie Informationen mit dem anderen Fahrer aus. Lassen Sie sich seinen Namen, seine Adresse, seine Telefonnummer, seine Führerscheinnummer, den Namen seiner Versicherungsgesellschaft und die Nummer seiner Versicherungsnummer geben.

Notieren Sie die Namen, Adressen und Telefonnummern aller Mitfahrer und/oder Zeugen. Wenn das Fahrzeug nicht dem Fahrer gehört, lassen Sie sich auch die Daten des Eigentümers geben.

Geben Sie niemals die Verantwortung für einen Unfall zu. Unterschreiben Sie keine Papiere, erklären Sie sich nicht bereit, für Schäden zu zahlen, und spielen Sie Verletzungen nicht herunter. Nehmen Sie sich notfalls einen Anwalt.

Wenn Ihr Fahrzeug abgeschleppt werden soll, vereinbaren Sie einen Preis und den Abschlepport, bevor das Abschleppen durchgeführt wird.

Informieren Sie Ihre Versicherung über den Vorfall und fertigen Sie einen schriftlichen Bericht an, der Kopien Ihrer Notizen, Fotos und des Polizeiberichts enthält.

Suchen Sie so bald wie möglich nach dem Unfall einen Arzt auf (innerhalb von 48 Stunden), auch wenn Sie glauben, keine Verletzungen zu haben.

Regulieren Sie keine Versicherungsansprüche, bevor Sie das volle Ausmaß der Verletzungen und Fahrzeugschäden kennen.

Verwandte Kapitel:

- Häufige Betrügereien und Kleindiebstahl

FAHRZEUGBOMBEN

Es ist unwahrscheinlich, dass Sie in Ihrem Auto mit einer Fahrzeugbombe in Berührung kommen, es sei denn, Sie sind ein besonderes Ziel.

Wenn Sie glauben, dass Sie ein Ziel sind, besteht Ihre beste Verteidigung darin, Ihr Auto jedes Mal zu überprüfen, wenn Sie einsteigen. Dies ist auch der beste Weg, um die Überwachung des Fahrzeugs durch Ortungsgeräte usw. zu verhindern.

Wenn Sie Ihr Fahrzeug schmutzig halten, lassen sich Manipulationen leichter erkennen. Eine zusätzliche (oder alternative) Möglichkeit ist das Anbringen von durchsichtigem Klebeband an Kofferraum, Motorhaube, Benzintank usw.

Um ein Fahrzeug auf eine mögliche Bombe zu untersuchen, sollten Sie zunächst das Äußere des Fahrzeugs begutachten. Achten Sie auf alles Ungewöhnliche, z. B. Kabel oder offene Türen. Suchen Sie rundherum, auch in den Radkästen, an den Stoßstangen, unter dem Fahrzeug usw. Achten Sie besonders auf den Bereich unter dem Fahrersitz.

Nachdem Sie sich von außen Zugang verschafft haben, schauen Sie durch die Fenster ins Innere. Suchen Sie nach verdächtigen Gegenständen, die vorher nicht da waren.

Steigen Sie schließlich in Ihr Auto ein und suchen Sie im Handschuhfach, unter den Sitzen, im Kofferraum und an allen anderen Stellen, die Sie von außen nicht sehen konnten.

Um besonders sicherzugehen, besorgen Sie sich ein Feldstärkemessgerät aus dem Elektrofachhandel. Mit diesem Gerät können Sie Funkübertragungen aufspüren.

RAUSGEHEN

Egal, ob Sie zu Hause oder unterwegs sind, es gibt einige grundlegende Maßnahmen, die Sie ergreifen können, um sich zu schützen.

Prägen Sie sich die folgenden Informationen ein, egal wohin Sie gehen:

- Mindestens zwei Kontaktnummern für Notfälle (Eltern, Ehepartner, Geschwister).
- Die Adresse Ihres Wohnorts/Hotels.
- Die Nummer des Notdienstes (z. B. 911).

Verschaffen Sie sich einen Überblick über die Umgebung Ihrer Wohnung oder des neuen Ortes, an dem Sie eine oder mehrere Nächte verbringen. Notieren Sie sich Folgendes:

- Ausgänge aus dem Gebiet.
- Engpässe im Verkehr.
- Polizeistationen.
- Krankenhäuser.
- Apotheken.
- Wasserquellen.
- Die Botschaft Ihres Landes.
- Sammelplätze.

Kehren Sie häufig in die Gegend zurück, damit Sie über eventuelle Veränderungen, z. B. Straßenbaustellen, informiert sind.

Kleiden Sie sich praktisch und nehmen Sie nur das Nötigste mit. So sind Sie weniger angreifbar und haben mehr Bewegungsfreiheit für Flucht und/oder Kampf.

Teilen Sie Ihre Vorhaben einer verantwortlichen Person mit. Sagen Sie ihm, wann und wie Sie sich melden werden und was zu tun ist, wenn Sie es nicht tun.

Legen Sie beispielsweise fest, dass Sie stündlich eine Textnachricht senden werden, und wenn Sie dies drei Stunden oder länger nicht tun, sollte er Ihren Bruder informieren.

Verwandte Kapitel:

- Sammelpunkte

SUCHE UND RETTUNG

Wenn Sie über Suche und Rettung Bescheid wissen, können Sie vorausschauend entscheiden, wie die Rettungsdienste versuchen werden, Sie zu finden.

Wenn jemand vermisst wird, sollten Sie einen Plan erstellen und so schnell wie möglich mit der Suche beginnen. Je länger das Opfer vermisst wird, desto schwieriger ist es, es zu finden, aber eine unorganisierte Suche ist oft schlimmer als nichts zu tun.

Um die Suche und Rettung zu erleichtern, legen Sie fest, wo sich die Personen aufhalten dürfen. Dazu gehört das Erstellen und Einhalten von Reiserouten und geplanten Routen. Auf diese Weise erhalten Sie ein definiertes Gebiet, das Sie für Ihre primäre Suche nutzen können.

Identitäts-Kit

Ein Identitäts-Kit ist ein einzelnes Blatt Papier mit Informationen über die vermisste Person. Dieses können Sie den Behörden/Rettungsteam-Mitgliedern übergeben. Fertigen Sie für jedes Familienmitglied ein solches Blatt an, das Folgendes enthält

- Ein aktuelles Farbfoto.
- Fingerabdrücke.
- Angaben zur Person (Name, Alter, Geburtsdatum, körperliche Beschreibung).
- Medizinischer Zustand.
- Eine Haarlocke in einer versiegelten Tüte.

Planung einer Suche

Legen Sie einen Suchleiter und einen Gefechtsstand fest. Stellen Sie den Gefechtsstand in der Nähe oder an dem Ort auf, an den die Person zurückkehren könnte (Campingplatz, Wohnung). Der Leiter verbleibt zusammen mit Erste-Hilfe-Material und einem Ersthelfer, der auch der Suchleiter sein kann, im Kommandoposten.

Während der Kommandoposten eingerichtet wird, legen Sie ein primäres Suchgebiet und Suchteams von zwei bis drei Personen fest (sofern die Ressourcen dies erlauben).

Teilen Sie das Suchgebiet in Abschnitte ein, und weisen Sie jedem Team einen Abschnitt zu. Stellen Sie sicher, dass jedes Team über Navigationshilfen und Kommunikationsgeräte verfügt.

Jedes Team durchsucht seinen Abschnitt und meldet sich dann beim Gefechtsstand zurück, damit der Einsatzleiter ihnen einen neuen Abschnitt zuweisen, sie zurückrufen oder andere Anweisungen geben kann.

Suchen Sie zuerst die wahrscheinlichsten Orte ab:

- Letzte bekannte Position.
- Wahrscheinlichste Routen.
- Begrenzte Gebiete.

Erweitern Sie das Suchgebiet nach Bedarf.

Berücksichtigen Sie bei der Erstellung des Suchplans:

- Stärken, Schwächen, Verhalten, Gewohnheiten, Gesundheit, Alter usw. der vermissten Person.
- Das Wetter.
- Verfügbare Ausrüstung (Kommunikationsmittel, Erste-Hilfe-Kästen, Lebensmittel, Wasser, Navigationsgeräte, Signalfackeln, Unterkünfte usw.).
- Die Stärken und Schwächen der Mitglieder des Suchteams. Bilden Sie Paare, die sich in ihren Stärken ergänzen. Vergewissern Sie sich, dass es mindestens einen Ersthelfer pro Team gibt.

Suche

Verwenden Sie bei der Suche in einzelnen Teams Licht und Geräusche, um die Aufmerksamkeit der verlorenen Person zu erregen. Rufen Sie seinen Namen und verwenden Sie Pfeiftöne und/oder Lichtblitze.

In der Wildnis sollte eine Person das Team entlang eines markanten Punktes (Bach, Pfad usw.) führen, während die anderen tiefer suchen. Bleiben Sie immer in Sicht- oder Hörweite der anderen.

Suchen Sie in Verstecken (insbesondere bei der Suche nach Kindern oder Entführungsopfern) und denken Sie daran, dass die vermisste Person möglicherweise bewusstlos ist.

Rettung

Wenn Sie die vermisste Person gefunden haben, informieren Sie die Leitstelle und leisten Sie Erste Hilfe.

Geben Sie dem Opfer bei Bedarf Nahrung und Wasser, und tun Sie dann, was der Suchleiter Ihnen sagt.

Erwägen Sie die Einrichtung eines Unterstandes, wenn das Wetter schlecht ist oder Sie auf Hilfe warten müssen.

Verwandte Kapitel:

- Fährtenlesen

FÄHRTENLESEN

Die Fähigkeit, Spuren zu verfolgen, kann in einigen Fällen nützlich sein:

- Eine vermisste Person finden.
- Einen Feind zu lokalisieren, um ihm zu entgehen.
- Das Aufspüren eines Diebes und/oder die Wiederbeschaffung von Gütern.
- Einen Weg zu einer Gruppe von Menschen finden, nachdem Sie einer Gefangennahme entkommen sind.
- Tiere aufspüren, um in einer Überlebenssituation nach Nahrung zu jagen.

Zum effektiven Aufspüren gehört das Beobachten von Anwesenheitssignalen und das korrekte Zusammensetzen dieser Zeichen zu einer Geschichte über den Verbleib der Zielperson.

Um ein geschickter Spurenleser zu werden, braucht man Übung. Man braucht Kenntnisse über die Umgebung und/oder die Person oder das Tier, das man verfolgt.

Im Folgenden werden die (sehr) grundlegenden Fähigkeiten des Spurenlesens beschrieben.

Anzeichen der Anwesenheit

Ein Anzeichen für Anwesenheit ist jede Störung der natürlichen Umgebung. Achten Sie auf bestimmte Anzeichen, die darauf hinweisen, wen (oder was) Sie aufspüren, z. B. Fußspuren, die eine bestimmte Form oder Größe haben oder einem bestimmten Muster folgen.

Beispiele dafür, wonach Sie suchen sollten, sind:

- Das Fehlen von Tieren.
- Jegliche Anzeichen für Menschen, wie z. B. Stoff, Einstreu,

Feuer, Unterschlupfbau usw.

- Körperflüssigkeiten (Blut, Urin, Kot, Schleim usw.).
- Zerrissene Spinnweben.
- Beschädigtes Laub.
- Weggeworfenes Essen.
- Fußabdrücke.
- Umgekippte Felsen/Kieselsteine.
- Kratzspuren an Bäumen.
- Anzeichen dafür, dass Nahrung gesammelt wurde, wie z. B. gepflücktes Obst.
- Aufgewühlter Boden.
- In eine unnatürliche Position gedrückte Vegetation.

Fährtenfallen

Fährtenfallen sind Orte, an denen Anzeichen für die Anwesenheit von Tieren, wie z. B. die Übertragung von Wasser auf Felsen, leichter zu erkennen sind. Beispiele für Fährtenfallen sind Schlamm, Schnee, Sand, weicher Schmutz und Flüssigkeit.

Suchen Sie hier zuerst nach Anzeichen für die Anwesenheit von Spuren. Wenn Sie keine finden, gehen Sie auf härteres Terrain.

Grundlegende Methode zum Fährtenlesen

Finden Sie eine erste Spur und dokumentieren Sie sie. Zeichnen Sie eine Skizze und notieren Sie die Länge, Breite, das Profil usw.

Suchen Sie die nächste Fährte, die wahrscheinlich etwa eine Schrittlänge entfernt ist. Vergewissern Sie sich anhand Ihrer Notizen, dass es sich um die gleiche Spur handelt wie die Erste.

Zusätzliche Tracker können nach passenden Spuren Ausschau halten, während der ursprüngliche Tracker wie oben beschrieben Schritt für Schritt weiterfährt. Wenn sie einen gefunden haben, kann der ursprüngliche Tracker seinen zuletzt gefundenen Track markieren und nach vorne gehen, um den neuen Track zu bestätigen. Wenn es sich um eine Übereinstimmung handelt, kann er die

Verfolgung vom neuen Punkt aus fortsetzen, während die zusätzlichen Tracker wieder nach vorne schauen.

Verlorene Fährte

Wenn Sie eine Spur verlieren, gehen Sie zum letzten positiven Zeichen zurück und markieren es mit etwas, z. B. einem hellen Bändchen.

Suchen Sie in der Nähe um sich herum nach der nächsten Fährte.

Wenn Sie die Spur nicht finden können, gehen Sie in die Richtung, die Ihnen am wahrscheinlichsten erscheint.

Wenn Sie innerhalb von 100 m nichts finden, gehen Sie zurück zum letzten positiven Zeichen (das Sie markiert haben) und versuchen Sie einen 360-Grad-Scan. Drehen Sie sich in immer größeren Kreisen nach außen, bis Sie die nächste Spur gefunden haben.

Bestimmung der Richtung

Es gibt einige Möglichkeiten, um festzustellen, in welche Richtung Ihr Ziel läuft:

- Tiere laufen vor nahen Gefahren (z. B. Menschen) weg.
- Laub biegt sich in Laufrichtung.
- Flüssigkeitsspritzer in Laufrichtung (z. B. Blut).
- Erdreich verstreut sich in Laufrichtung.

Diese Zeichen sind zuverlässiger als offensichtliche Fußspuren, wenn eine Person Grund hat, Sie zu täuschen, indem sie rückwärts läuft.

Bestimmung der Gruppengröße

Wenn Sie eine unbekannte Anzahl von Personen verfolgen, verwenden Sie die folgende Methode, um die Gruppengröße zu bestimmen. Sie erfordert, dass Sie Abdrücke verfolgen.

- Ziehen Sie eine Linie hinter einem Abdruck.
- Ziehen Sie eine zweite Linie 1,5 m vor der ersten Linie. Ziehen Sie eine Linie von 1 m, wenn Sie nach Kindern suchen.
- Zählen Sie alle Voll- und Teilabdrücke zwischen den beiden Linien. Runden Sie auf, wenn Sie eine ungerade Zahl erhalten.
- Halbieren Sie die Zahl.

So erhalten Sie eine ungefähre Schätzung, wie viele Personen sich in der Gruppe befinden.

Zusätzliche Tipps zur Spurensuche

- Fußabdrücke, die weit auseinander liegen und an den Zehen oder der Ferse tiefer sind, deuten auf Laufen hin. Abdrücke, die näher beieinander liegen, deuten auf Gehen hin.
- Nahe beieinander liegende, aber tiefe Abdrücke deuten darauf hin, dass eine Person etwas trägt.
- Wenn ein Fuß einen tieferen Abdruck hinterlässt als der andere, ist die Person möglicherweise verletzt.
- Je frischer die Spur ist, desto näher ist Ihr Ziel. Die oberen Ränder können innerhalb von Minuten trocknen, aber die eigentliche Erosion dauert mindestens 12 Stunden.
- Wenn Sie nach Zeichen Ausschau halten, schauen Sie 15 m vor sich.
- Höhere Positionen können weitere Anzeichen für die Anwesenheit von Tieren offenbaren. Klettern Sie auf einen Baum, um nach ihnen zu suchen.
- Nutzen Sie auch Ihre anderen Sinne (Geruch und Gehör).
- Laufen Sie nie über Spuren. Das würde Sie zerstören und unlesbar machen, wenn Sie zu ihnen zurückkehren müssen.
- Seien Sie in der Nähe von Wasserquellen besonders aufmerksam.
- Visualisieren Sie beim Sammeln von Beweisen eine

Geschichte über den Zustand der Zielperson und ihren Aufenthaltsort.

- Achten Sie auf falsche Zeichen, Fallen und Hinterhalte.
- Anzeichen dafür, dass Ihre Zielperson ihre Spuren verwischt, können ein Hinweis auf einen Rastplatz, eine Richtungsänderung oder einen Hinterhalt sein.
- Bei geringem Lichteinfall sind die Spuren leichter zu erkennen. Das bedeutet, dass die besten Zeiten für die Fährtensuche am frühen Morgen und am späten Nachmittag sind. Stellen Sie sich zwischen die Fährte und die Sonne, und gehen Sie niedrig, damit Sie die Schatten sehen können.
- Achten Sie darauf, dass Sie sich nicht verirren.

Verwandte Kapitel:

- Suche und Rettung

FLUCHT AUS DER GEFANGENSCHAFT

VORBEREITENDE MASSNAHMEN

Wenn Sie entführt werden, haben Sie die besten Überlebenschancen, wenn Sie innerhalb der ersten 24 Stunden entkommen oder gerettet werden.

Wenn Ihr erster Versuch, sich gegen Ihre Entführer zu wehren, gescheitert ist, verhalten Sie sich unterwürfig. Schauen Sie nach unten und tun Sie, was man Ihnen sagt (in einem vernünftigen Rahmen), damit sie Sie nicht noch mehr einschränken, als sie es ohnehin schon getan haben. Wiegen Sie sie in Selbstgefälligkeit und fliehen Sie, sobald sich die richtige Gelegenheit bietet.

Hinweis: Wenn Sie damit rechnen, sofort nach der Gefangennahme gefoltert und getötet zu werden, können Sie genauso gut bis zum Tod kämpfen.

Je früher Sie fliehen, desto besser, denn:

- Je länger Sie in Gefangenschaft bleiben, desto gründlicher werden Sie durchsucht.
- Je länger Sie in Gefangenschaft bleiben, desto größer ist die Chance, dass Sie in einen sichereren Bereich gebracht werden.

Allerdings müssen Sie Ihre Fluchtmöglichkeit mit Bedacht wählen. Wenn Sie erwischt werden, werden Sie bestraft und die Sicherheit wird erhöht.

VERZÖGERUNGSTAKTIK

Es gibt mehrere Taktiken, mit denen Sie Zeit schinden können, bis Hilfe eintrifft, und/oder die Ihnen die Möglichkeit zur Flucht geben.

Wenn Sie sich in einer ausweglosen Situation befinden und wissen, dass Ihre Festnahme unvermeidlich ist, versuchen Sie, Ihre Kapitulation auszuhandeln. Auch wenn Sie nicht mit Hilfe rechnen, können Sie versuchen, bessere Haftbedingungen auszuhandeln.

Eine weitere Möglichkeit ist, eine Verletzung vorzutäuschen und um medizinische Behandlung zu bitten. Die Vortäuschung eines Anfalls oder einer Geisteskrankheit reicht oft aus, um jeden Kriminellen dazu zu bringen, Sie in Ruhe zu lassen, wenn Sie ein zufälliges Ziel sind.

Eine letzte Hinhaltetaktik besteht darin, einen „eingeschränkten Zugang“ vorzutäuschen. Dies eignet sich gut für Kriminelle, die einen materiellen Gewinn anstreben. Sagen Sie ihnen, dass Sie ein Bankschließfach mit Wertsachen haben, zu dem nur Sie Zugang haben. Wenn sie Sie dorthin bringen, nutzen Sie die Gelegenheit zur Flucht.

Verwandte Kapitel:

- Feilschen

INFORMATIONEN SAMMELN

Sobald Sie entführt werden, nutzen Sie alle Ihre Sinne, um so viel wie möglich über Ihre Entführer und Ihr Ziel herauszufinden. Notieren Sie die Sprache, die Anzahl der Personen, den Kleidungsstil, die Namen, die Organisation, die Motivation, die Ausrüstung, die Persönlichkeiten usw.

Wenn Sie sich in einem Fahrzeug befinden, versuchen Sie, Ihre Fahrgeschwindigkeit, die Umgebungsgeräusche, die Zeit im Fahrzeug, Abbiegungen, die Fahrtrichtung usw. zu bestimmen.

Sobald Sie in Gefangenschaft sind, achten Sie auf Ausgänge, Sicherheit (oder deren Fehlen), Standort, Wetter, Umgebung, nützliche Ressourcen, andere Gefangene, die Routinen Ihrer Entführer usw.

Verwandte Kapitel:

- Reisen

HINWEISE ZURÜCKLASSEN

Wenn Sie erst einmal in Gefangenschaft sind, besteht Ihre beste Chance zu entkommen darin, gerettet zu werden. Erleichtern Sie es den Rettern, Sie aufzuspüren, indem Sie in allen Fahrzeugen und Räumen, in denen Sie festgehalten werden, Hinweise auf Ihre Anwesenheit hinterlassen. Das können Sie zum Beispiel so tun:

- Pfeile basteln oder zeichnen.
- DNA hinterlassen.
- Notizen hinterlassen.
- Kleidungsstücke zurücklassen.
- Steinhaufen errichten.

Das Hinterlassen und/oder Sammeln von DNA für Ermittler hilft ihnen, Sie zu finden, und ist auch nützlich, um die Entführer später zu überführen.

Alle Körperflüssigkeiten hinterlassen DNA-Spuren (Blut, Erbrochenes, Urin, Spucke, usw.), ebenso wie Haare. Hinterlassen Sie Ihre DNA an Stellen, die Ihr Entführer (hoffentlich) nicht reinigen wird, z. B. unter/hinter Möbeln, in Türscharnieren, in Lüftungsschächten, an Wänden und in Ecken. Informieren Sie Ihre Familie im Vorfeld über diese Taktik, damit sie der Polizei raten kann, an ungewöhnlichen Orten nach Ihrer DNA zu suchen.

Wenn du die DNA deines Entführers sammelst, solltest du sie an dir „aufbewahren“, damit sie nicht abgewaschen werden kann. Wenn Sie ihn so stark kratzen, dass Blut austritt, gelangt es unter Ihre Fingernägel und bleibt dort, bis Sie es abwaschen.

Sie können auch seinen Schweiß (oder andere Körperflüssigkeiten) unter Ihren Körperhaaren abwischen. Wenn Sie duschen, vermeiden Sie es, diese Bereiche zu waschen, es sei denn, Sie waren lange Zeit gefangen, in diesem Fall müssen Sie die Hygiene für Ihre Gesundheit aufrechterhalten.

GEFANGENSCHAFT DURCHSTEHEN

Wenn eine frühzeitige Flucht nicht möglich ist, müssen Sie sich darauf konzentrieren, die Gefangenschaft zu überleben, bis Sie entkommen können oder gerettet werden.

Viele der Informationen in diesem Abschnitt gelten auch für das Überleben in einer Geiselhaft oder in einer staatlichen Haftanstalt, wie einem Kriegsgefangenenlager oder Gefängnis.

Akzeptanz

Akzeptieren Sie die Tatsache, dass Sie ein Gefangener sind. Lassen Sie Selbstmitleid und Wut hinter sich, damit Sie sich auf das Überleben und die Flucht konzentrieren können.

Seien Sie der graue Mann

Wenn Sie zum ersten Mal gefangen genommen werden, und vor allem, wenn Sie sich in einer Gruppe befinden, tun Sie nichts, was die Aufmerksamkeit auf Sie lenkt. Bleiben Sie ruhig, still, emotionslos und gefügig. Halten Sie den Ball flach, und die Augen auf dem Boden.

Überlebenswille

Ein wichtiger Teil des Überlebens ist die Aufrechterhaltung Ihres Lebenswillens und der festen Überzeugung, dass Sie überleben werden. Erinnern Sie sich daran, wofür Sie leben (z. B. geliebte Menschen) und glauben Sie an sich selbst, Ihre Fähigkeiten und Ihren Gott, falls Sie einen haben. Egal, was passiert, geben Sie Ihren Lebenswillen nicht auf und seien Sie immer bereit, den Moment zu ergreifen, in dem Sie entkommen können, auch wenn es Jahre dauert.

Obwohl die Flucht umso schwieriger wird, je länger Sie warten und gefangen gehalten werden, umso wahrscheinlicher ist es, dass Sie am Ende lebend herauskommen. Wenn Ihre Entführer die Absicht haben, Sie zu töten, werden Sie es eher früher als später tun.

Körperliche und geistige Gesundheit

Gute geistige und körperliche Gewohnheiten helfen Ihnen, Ihren Lebenswillen zu erhalten. Außerdem hält es Sie geistig scharf und körperlich fit, sodass Sie Gelegenheiten zur Flucht ergreifen können.

Ein produktiver Weg, Ihren Geist zu trainieren, ist die Planung Ihrer Flucht. Nutzen Sie alle Ihre Sinne, um Informationen zu sammeln und Ihre Entführer auszuforschen, um herauszufinden, wen Sie ausnutzen können. Nutzen Sie neben der ständigen Planung auch jede Art von Unterhaltung, die Sie bekommen können, wie z. B. Lesen.

Legen Sie sich eine Fitness Routine zu und gehen Sie sie regelmäßig durch. Tun Sie alles, wofür Sie Platz haben. Liegestütze, Sit-Ups und Dehnübungen sind großartige Übungen, die nicht viel Platz benötigen.

Essen Sie alles, was man Ihnen gibt, solange es nicht giftig ist. Das Essen aus Protest zu verweigern, ist keine gute Strategie für ein langfristiges Überleben, und wenn Sie sich wie ein guter Gefangener verhalten, können Sie sich zusätzliche Gefallen verdienen.

Seien Sie Menschlich

Je menschlicher Sie sind, desto schwieriger ist es, Sie zu verletzen. Sich selbst einen Namen zu geben, ist ein guter Anfang. Es ist schwieriger, etwas zu töten oder zu schlagen, das einen Namen hat. Ganz gleich, was Ihre Entführer tun, bleiben Sie ruhig und höflich. Ein übermäßig emotionaler oder schwieriger Gefangener ist leichter schlecht zu behandeln, also bewahren Sie Ihre Würde. Betteln Sie nicht, weinen Sie nicht, machen Sie sich nicht in die Hose, usw.

Schließen Sie Freundschaft mit Ihren Entführern

Soziale Kontakte haben einen psychologischen Nutzen und tragen zu Ihrer Vermenschlichung bei.

Der Aufbau von Freundschaften kann auch Ihre Flucht erleichtern. Es ist einfacher, Informationen aus jemandem herauszuholen, zu dem Sie eine Beziehung haben. Sprechen Sie diejenigen an, die Ihnen sympathischer erscheinen.

Es ist auch wahrscheinlicher, dass Sie zusätzliche Annehmlichkeiten erhalten, wenn Sie freundlich sind. Bitten Sie zunächst um kleine Dinge, wie ein Getränk oder eine Decke, und werden Sie dann ehrgeiziger und bitten Sie um zusätzliches Essen oder Unterhaltung. Übertreiben Sie es nicht, sonst werden Sie vielleicht ganz abgeschnitten.

Es ist nützlich, sich mit Ihren Entführern anzufreunden, aber Sie dürfen nicht vergessen, dass sie immer noch der Feind sind. Zögern Sie nicht, sie bei einem Fluchtversuch zu verletzen.

Arbeiten Sie mit anderen Gefangenen zusammen

Sich mit anderen Gefangenen anzufreunden, hat mehrere Vorteile. Es ist psychologisch vorteilhaft, ihr könnt zusammenarbeiten, um zu fliehen, füreinander verhandeln (wenn einer von euch bestraft wird) und um Hilfe bitten, wenn einer von euch flieht.

Allerdings müssen Sie Ihre Freunde mit Bedacht wählen. Nicht jeder wird zum Wohle der Gruppe handeln, insbesondere kleinkriminelle.

In einer Gruppensituation - wenn es mehrere Geiseln gibt oder in einem Kriegsgefangenenlager oder Gefängnis - ist es besser, eine „Wir-gegen-sie“-Mentalität zu bewahren. Wenn Sie sich auf die Seite der Wachen stellen, kann es passieren, dass du von anderen Gefangenen getötet wirst. Tun Sie nichts (einschließlich der Annahme von Vorteilen), was anderen Gefangenen schaden könnte. Dazu gehört auch die Weitergabe von Informationen.

Wenn es um Gruppenkontrolle geht, übernehmen Sie entweder das Kommando oder gehorchen Sie und unterstützen Sie die Verantwortlichen (nicht den Feind).

Wenn Sie mit Kriminellen im Gefängnis sitzen, wird es zu einem psychologischen Katz- und Mausspiel gegen die Wärter und andere Gefangene. Wählen Sie Ihre Freunde mit Bedacht und fallen Sie nicht auf Sticheleien und Manipulation herein.

Verhöre

Wenn Sie verhört werden, geben Sie so wenig nützliche Informationen wie möglich preis und bleiben dabei ruhig und höflich. Sprechen Sie nur, wenn Sie dazu aufgefordert werden, und geben Sie kurze Antworten.

Vermeiden Sie den Blickkontakt mit Ihrem Vernehmer. Wenn Sie gezwungen sind, ihn anzusehen, starren Sie ihm auf die Stirn.

Seien Sie misstrauisch, wenn Ihnen ein Deal angeboten wird.

Wenn Sie nicht gefoltert oder getötet werden, wenn Sie ablehnen, vermeiden Sie:

- Geständnisse jeglicher Art.
- Propaganda-Sendungen zu machen.
- Sich gegen die eigene Sache zu äußern (mündlich oder schriftlich), wenn Sie ein politischer Gefangener sind.

Wenn Sie von einer Regierung oder einer professionellen politischen Organisation festgehalten werden, betrachten Sie alle Gespräche mit Ihren Entführern als Verhöre, auch wenn sie beiläufig erscheinen.

Die Außenwelt kontaktieren

Tun Sie alles, was Sie können, um Kontakt zur Außenwelt aufzunehmen. Wenden Sie sich an Familie, Freunde, Anwälte und andere

Sympathisanten, damit sie Pläne für Ihre Freilassung schmieden können. Lassen Sie sie sich ständig nach Ihrer Gesundheit und Ihrem Wohlergehen erkundigen. Erlauben Sie Ihren Entführern, ein Foto von Ihrem Gesicht zu machen, damit die Behörden Sie identifizieren können.

Verwandte Kapitel:

- Planung ihrer Flucht
- Aktives Zuhören

PLANUNG IHRER FLUCHT

Beginnen Sie von Anfang an mit der Planung Ihrer Flucht und hören Sie niemals auf, egal wie lange Sie gefangen gehalten werden.

Abgesehen von allem, was im Kapitel „Planung und Vorbereitung" erklärt wird, gibt es zwei wichtige Punkte, die Sie bei Ihrer Flucht beachten müssen: den Zeitpunkt und die Route.

Es ist gut, die „perfekte" Route und den perfekten Zeitpunkt für die Flucht zu planen, aber zögern Sie nicht, sich bietende Gelegenheiten zu nutzen.

Wenn Sie bei einem Fluchtversuch scheitern, müssen Sie damit rechnen, geschlagen zu werden. Täuschen Sie Verletzungen und/oder Erschöpfung vor, damit Sie weniger bedrohlich wirken.

Der richtige Augenblick

Wenn Sie gegen Lösegeld entführt werden, werden Sie wahrscheinlich freigelassen, sobald die Forderungen Ihrer Entführer erfüllt sind. Ein riskanter Fluchtversuch kann sich nicht lohnen, vor allem dann nicht, wenn Sie an einem abgelegenen Ort festgehalten werden, wo Sie den Elementen ausgesetzt sind.

Wenn Sie der Gefangene eines Sexualstraftäters sind, sollten Sie so schnell wie möglich fliehen. Andernfalls werden Sie wahrscheinlich getötet, sobald Sie Ihren Zweck erfüllt haben, oder Sie werden ein Leben im Elend führen.

Wenn Ihre Entführer plötzlich eines der folgenden Dinge tun, kann Ihre Zeit begrenzt sein:

- Sie geben Ihnen kein Essen mehr.
- Sie behandeln Sie härter.
- Sie werden verzweifelt oder verängstigt.

Versuchen Sie in diesem Fall zu fliehen, auch wenn Ihre Chancen nicht gut stehen.

Jeder Zeitpunkt, an dem Sie aus Ihrer Zelle verlegt werden, ist eine Gelegenheit, Informationen zu sammeln, eine Flucht vorzubereiten oder tatsächlich zu fliehen, insbesondere wenn die Verlegung ein Routinevorgang ist.

Gute Gelegenheiten zur Flucht sind unter anderem:

- Wenn sie Sie nicht kontrollieren.
- Nachts.
- Bei schlechtem Wetter.

Die Wahl der Route

Bei der Wahl der Route sollten Sie in erster Linie auf Heimlichkeit setzen. Halten Sie sich an Orten auf, an denen die Wahrscheinlichkeit gering ist, dass Sie gesehen werden, und an denen es nur wenige Warnsysteme wie Alarme, Sprengfallen, Lichter oder Hunde gibt. Überlegen Sie, welche Ablenkungen Sie schaffen und welche Hindernisse Sie Ihren Feinden in den Weg legen können.

Wenn möglich, planen Sie auch alternative Routen. Legen Sie eine direkt gegenüber und eine im 90-Grad-Winkel zu Ihrer Hauptroute an.

IM FALLE EINER GEGLÜCKTEN FLUCHT ODER RETTUNG

Die Behörden könnten ein taktisches Team schicken, um Sie zu retten. Das ist großartig, wenn Sie die Rettung überleben.

Wenn Sie Zeit haben, begeben Sie sich in einen sichereren Teil des Raumes, sobald Sie von dem Rettungsversuch erfahren. Wählen Sie einen Ort:

- Unter oder hinter einer Decke.
- Weg von Türen und Fenstern.

Gehen Sie dann in die Bombenangriffsposition:

- Legen Sie sich auf den Bauch.
- Zeigen Sie mit den Füßen in Richtung des wahrscheinlichen Eintritts- oder Explosionspunktes.
- Kreuzen Sie die Beine und halten Sie sich die Ohren zu.
- Halten Sie die Ellbogen fest gegen den Brustkorb.
- Öffnen Sie Ihren Mund ein wenig.

Sobald Explosionen oder Kugeln vorüber sind, legen Sie sich auf den Rücken und strecken Sie Ihre Hände und Beine aus, um zu zeigen, dass sie leer sind.

Um zu verhindern, dass Sie für einen Bösewicht gehalten werden, tun Sie das nicht:

- Stehen Sie auf.
- Vor den Rettern wegrennen.
- Eine Waffe in die Hand nehmen.
- Versuchen, den Rettern zu helfen.

Rechnen Sie mit einer feindseligen Behandlung durch die Rettungskräfte, bis Sie eindeutig identifiziert sind.

Freilassung

Wenn Ihre Entführer Sie aus irgendeinem Grund freilassen, befolgen Sie ihre Anweisungen.

AUTOS

Es ist sehr wahrscheinlich, dass Sie im Laufe einer Entführung und/oder während Ihrer Flucht auf ein Auto stoßen werden. In diesem Abschnitt lernen Sie verschiedene Taktiken im Zusammenhang mit Autos kennen, z. B. allgemeine Sicherheit, Flucht aus einem Auto, Ausweichmanöver und mehr.

AUS EINEM AUTO ENTKOMMEN

Ihre Chancen auf eine Flucht schwinden, je weiter Sie sich von dem Ort entfernen, an dem Sie ursprünglich entführt wurden.

Wenn Sie sich anfangs nicht gegen Ihren Angreifer wehren konnten, versuchen Sie Ihr Bestes, um aus dem Auto zu entkommen. Sobald er Sie an einen sicheren Ort gebracht hat, wird es viel schwieriger sein.

Flucht aus dem Kofferraum

Wenn Sie in den Kofferraum eines Autos gedrängt werden, können Sie einige Dinge versuchen, um zu entkommen:

- Ziehen Sie den Notentriegelungshebel des Kofferraums. Dies ist bei neueren Autos üblich.
- Bei älteren Fahrzeugen ziehen Sie am Entriegelungsseil.
- Drücken Sie Ihren Rücken gegen das Kofferraumdach und benutzen Sie Ihre Arme und Beine, um den Kofferraum zu öffnen.
- Verwenden Sie den Wagenheber, um ihn mit Gewalt zu öffnen.
- Trennen Sie das Bremslicht ab und treten Sie es heraus. Stecken Sie Ihre Hand durch das Loch, um Hilfe zu signalisieren.
- Treten Sie durch den Rücksitz.

Während Sie in den Kofferraum gelegt werden, sollten Sie versuchen, sich so zu positionieren, dass Sie auf Ihre Rettungswerkzeuge zugreifen können.

Aus Einem Fahrenden Auto Springen

Aus einem fahrenden Auto zu springen ist gefährlich, aber besser als eine Entführung. Vergewissern Sie sich vor dem Sprung, dass die Tür nicht verriegelt ist.

Bereiten Sie sich darauf vor, zu einem möglichst sicheren Zeitpunkt herauszuspringen:

- Eine Geschwindigkeit von mehr als 50 km/h ist zu schnell. Wählen Sie einen Zeitpunkt, an dem gehalten wird, anfangen wird, zu beschleunigen oder kurz bevor Sie um eine Ecke biegen.
- Vergewissern Sie sich, dass sich nichts in Ihrem Sprungweg befindet. Sie bewegen sich weiterhin in dieselbe Richtung und mit derselben Geschwindigkeit wie das Auto.
- Landen Sie vorzugsweise auf einer weichen Oberfläche, z. B. auf Gras.

Wenn möglich, polstern Sie Ihre Kleidung mit etwas Weichem, z. B. Zeitungen, aus.

Wenn es an der Zeit ist zu springen, öffnen Sie die Tür vollständig, damit sie sich nicht plötzlich schließt. Springen Sie so weit wie möglich in einem Winkel in die entgegengesetzte Richtung, in die sich das Auto bewegt.

Wenn das Auto abbiegt, springen Sie von der Seite, die derjenigen, in die es abbiegt, entgegengesetzt ist. Das heißt, wenn Sie auf der rechten Seite sitzen, warten Sie auf eine Linkskurve.

Rollen Sie sich zu einem Ball zusammen und ziehen Sie das Kinn ein, um Ihren Kopf zu schützen. Versuchen Sie, auf dem Rücken zu landen und sich bei der Landung abzurollen.

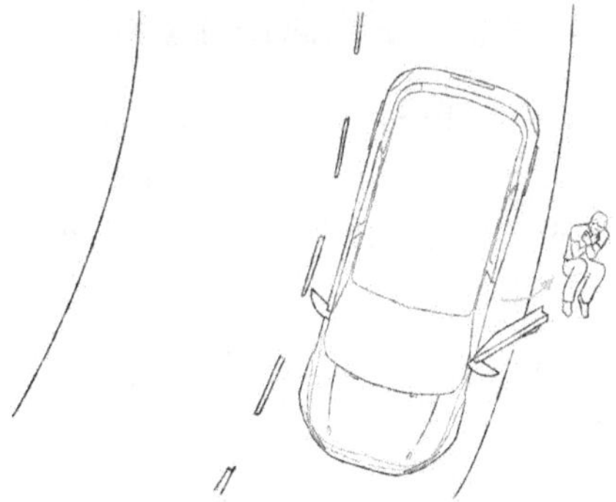

Ausgeschalteter Fahrer

Um die Kontrolle über ein Auto zu übernehmen, wenn Ihr Fahrer nicht mehr fahren kann, schieben Sie sein Bein aus dem Weg. Übernehmen Sie die Kontrolle über das Gaspedal und lenken Sie das Auto in Sicherheit.

Ein Autofenster heraustreten

Autoscheiben sind hart, vor allem die vorderen und hinteren Windschutzscheiben, also versuchen Sie nicht, eine davon zu treten.

Um ein Seitenfenster herauszutreten, legen Sie sich auf den Rücken und stellen Sie Ihre Füße gegen das Fenster.

Treten Sie mit beiden Füßen zusammen gegen den unteren rechten Teil. Wenn Sie versuchen, das Fenster in der Mitte einzutreten, prallen Ihre Füße ab.

Einem sinkenden Auto entkommen

Wenn Sie sich in einem Auto befinden, das auf das Wasser zusteuert, machen Sie sich auf den Aufprall gefasst.

Sobald die erste Kollision mit dem Wasser vorbei ist, öffnen Sie Ihr Fenster. Tun Sie dies so schnell wie möglich - wenn möglich noch vor dem Aufprall auf das Wasser.

Versuchen Sie, herauszuklettern, bevor das Auto zu sinken beginnt.

Wenn sich das Fenster nicht weit genug öffnen lässt, schlagen Sie es mit einem Glasbrecher oder einem schweren Gegenstand wie z. B. einem Lenkradschloss ein, oder treten Sie es, wie zuvor beschrieben.

Wenn das Auto zu sinken beginnt, bevor Sie entkommen können, warten Sie, bis kein Wasser mehr eindringt, und schwimmen Sie aus dem Fenster.

Als letzten Ausweg können Sie warten, bis sich das Auto mit Wasser füllt. Dann lässt der Druck nach, und Sie können die Tür öffnen.

Wenn Sie die Luft anhalten müssen, entleeren Sie zuerst Ihre Lungen vollständig und atmen Sie dann tief ein, damit Ihr Körper mit frischer Luft gefüllt ist. Versuchen Sie, ruhig zu bleiben, damit Sie den Atem länger anhalten können.

Verwandte Kapitel:

- Kleines Überlebenspaket
- Überfall im Auto

DAS AUTO EINES FEINDES AUSSER GEFECHT SETZEN

Es gibt mehrere Möglichkeiten, das Auto Ihres Gegners außer Gefecht zu setzen, damit er Sie nicht verfolgen kann. Tun Sie so viele der folgenden Dinge wie möglich, wenn Sie die Zeit und den Zugang dazu haben.

Im Allgemeinen sollten Sie Kabel durchtrennen, Flüssigkeiten ablassen und Dinge aus dem Motor herausreißen. Hier sind einige spezifischere Vorschläge:

- Stechen Sie die Reifen auf.
- Entfernen Sie die Reifenbolzen.
- Stopfen Sie etwas in den Auspuff. Packen Sie ihn fest.
- Stechen Sie etwas Scharfes durch den Kühler.
- Entfernen Sie die Zündkerzenkabel.
- Verstopfen Sie den Lufteinlassfilter mit einem Tuch.
- Fluten Sie den Ansaugfilter mit einem Schlauch.
- Bauen Sie die Batterie aus.
- Bauen Sie den Anlasser aus.
- Zünden Sie einen Lappen an und legen Sie ihn in den Benzintank.
- Verunreinigen Sie den Benzintank mit Spülmittel, Zucker, Wasser oder Schmutz.

KLAUEN VON AUTOS

Nur weil es ein Auto zu stehlen gibt, heißt das nicht immer, dass man es tun sollte. In einem Auto legen Sie zwar viel mehr Strecke zurück, aber es ist auch leichter, Sie zu verfolgen.

Wenn Sie sich für ein Auto entscheiden und die Wahl haben, ist es am besten, eines zu stehlen, das:

- Leicht zu stehlen ist.
- Nicht auffällt. Es ist zu schmutzig oder zu sauber und hat nur wenige offensichtliche Erkennungsmerkmale (Stoßstangenaufkleber, Beulen, helle Farbe usw.).
- Es ist niedriger als der Boden. Höhere Autos lassen sich bei einer Verfolgungsjagd leichter umdrehen.

Beschaffung von Schlüsseln

Der beste Weg, ein Auto zu bekommen, ist die Beschaffung der Schlüssel. Es gibt verschiedene Möglichkeiten, wie Sie dies tun können.

- Die Schlüssel stehlen - zum Beispiel durch Taschendiebstahl des Besitzers oder durch Entnahme aus einer Parkgarage.
- Jemanden mit dem Auto überfallen. Diese Methode eignet sich gut für eine schnelle Flucht, da das Auto bereits in Betrieb ist. Tankstellen und Geldautomaten sind gute Orte dafür, da der Fahrer seine Schlüssel im Auto lassen kann, während er aussteigt.
- Verwenden Sie Hauptschlüssel. Man kann sie von Abschleppwagen stehlen. Manchmal funktionieren auch Schlüssel von einem anderen Auto, aber vom selben Hersteller.
- Finden Sie Ersatz- oder Valet-Schlüssel in einem

unverschlossenen Auto. Suchen Sie in der Mittelkonsole, im Handschuhfach, unter den Fußmatten oder an der Sonnenblende. Valet-Schlüssel befinden sich oft in der Betriebsanleitung.

Zutritt verschaffen

Wenn das Auto nicht unverschlossen ist und Sie die Schlüssel nicht haben, müssen Sie das Auto aufbrechen, bevor Sie es entführen können.

Um eine Scheibe einzuschlagen, verwenden Sie etwas Hartes, um sie an den Ecken zu treffen. Die Seitenscheiben sind am schwächsten. Wenn Sie die Mittel dazu haben, kleben Sie ein großes X auf die Scheibe, bevor Sie sie einschlagen. Dadurch wird das Geräusch eingedämmt und ein Zerspringen verhindert.

Alternativ können Sie auch versuchen, das Schloss zu knacken. Für ein Hochziehschloss können Sie einen Schnürsenkel verwenden.

Binden Sie zunächst eine kleine Schlaufe mit einem Schlupfknoten an. Schieben Sie den Schnürsenkel über die obere Ecke des Fensterrahmens in die Tür.

Sobald er sich im Auto befindet, führen Sie ihn über das Schloss.

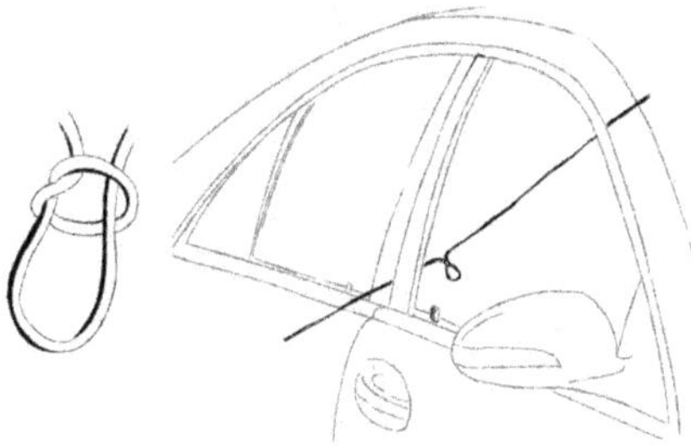

Ziehen Sie die Schlaufe um das Schloss fest und ziehen Sie an beiden Enden nach oben.

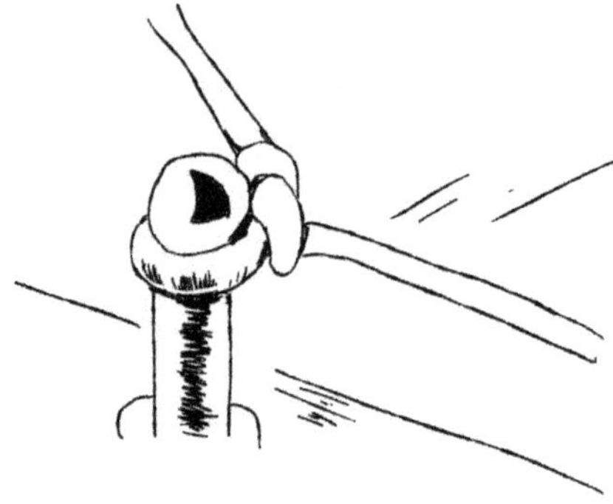

Eine letzte Methode, die keine besondere Ausrüstung erfordert, ist die Verwendung eines Kleiderbügels und eines Schuhs.

Hebeln Sie die obere Ecke der Tür auf und klemmen Sie Ihren Schuh in den Spalt. Entriegeln Sie die Tür mit einem aufgerichteten Kleiderbügel.

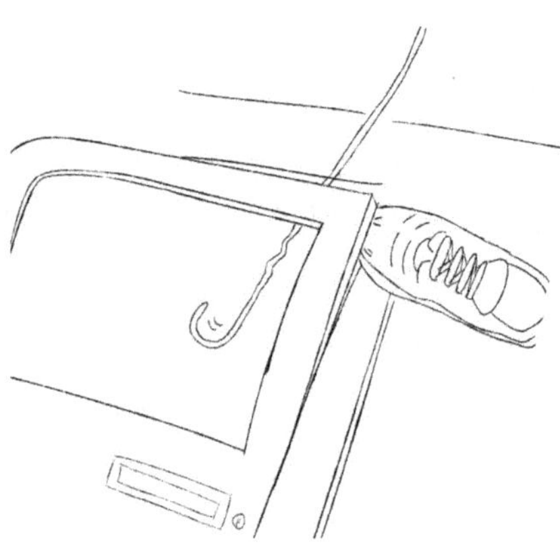

Ein Auto anlassen

Neuere Autos lassen sich ohne Schlüssel oder spezielle Ausrüstung kaum noch starten.

Bei Autos, die vor 1999 gebaut wurden, können Sie sie vielleicht aufbrechen oder kurzschließen. Je älter das Auto ist, desto größer sind Ihre Erfolgsaussichten.

Üben Sie das nicht an einem Auto, das Sie benutzen müssen. Es wird es kaputt machen.

Legen Sie vor dem Anlassen des Fahrzeugs den Leerlauf ein und ziehen Sie die Handbremse an. Wenn es sich um ein Automatikfahrzeug handelt, stellen Sie es auf Parken.

Entriegeln

Um ein Auto zu entriegeln, brauchen Sie:

- Einen Schlitzschraubendreher.
- Einen Hammer.
- Eine Zange (optional).

Stecken Sie den Schraubenzieher in das Zündschloss und treiben Sie ihn mit dem Hammer hinein. Benutzen Sie die Zange, um ihn zu drehen.

Kurzschließen

Um ein Auto kurzzuschließen, brauchen Sie:

- Drahtschneider und Abisolierzange.
- eine Zange.
- Flachkopf- und Kreuzschlitzschraubendreher.
- Einen Hammer.
- Isolierte Handschuhe.
- Isolierband.

Entfernen Sie die Kunststoffverkleidung über und unter der Lenksäule. Sie können sie entweder abschrauben oder abschlagen.

Wählen Sie das Kabelbündel aus, das in die Lenksäule führt. Es handelt sich um fünf Drähte, die mit dem Zündzylinder verbunden sind (wo Sie den Schlüssel einstecken).

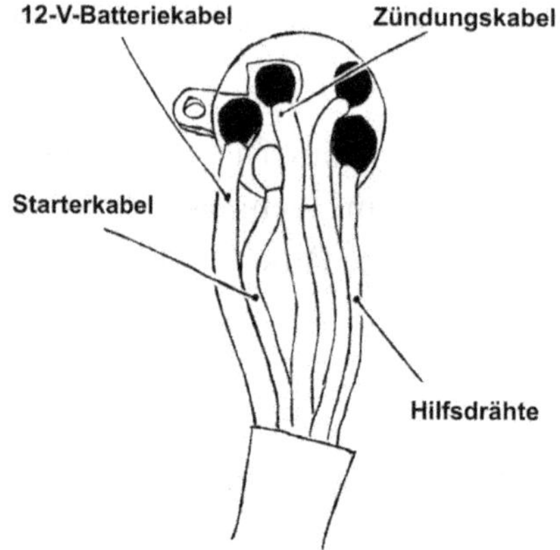

Ziehen Sie den Zündzylinder heraus und schneiden Sie die ersten drei Drähte in der Reihenfolge (Batterie, Anlasser und Zündung) ab. Die Farben sind je nach Fahrzeug unterschiedlich.

Legen Sie die Drähte frei, aber berühren Sie sie nicht mit bloßen Händen. Verwenden Sie isolierte Handschuhe oder ein Tuch.

Verbinden Sie das Batterie- und das Zündungskabel miteinander, um das Armaturenbrett zu beleuchten.

Verbinden Sie das Anlasserkabel mit dem Batterie-/Zündkabel, um das Fahrzeug zu starten.

Wenn das Fahrzeug zwei Anlasserkabel hat, verbinden Sie diese beiden Kabel miteinander und nicht mit dem Batterie-/Zündkabel.

Sobald das Fahrzeug anspringt, umwickeln Sie das/die Anlasserkabel mit Isolierband. Dadurch wird verhindert, dass es Sie oder die anderen Kabel berührt. Um den Motor abzustellen, trennen Sie das Batterie- und das Zündungskabel.

Lenkradschloss

Wenn ein Fahrzeug über ein Lenkradschloss verfügt, drehen Sie das Rad kräftig in eine Richtung, bis die Sperrstifte brechen. Alternativ können Sie auch einen Spalt in der Mitte der Lenksäule zwischen dem Rad und der Säule selbst suchen. Drücken Sie Ihren Schlitzschraubendreher in den Spalt, um den Sicherungsstift wegzudrücken.

Verwandte Kapitel:

- Taschendiebstahl
- Schlösser Knacken

AUTOSICHERHEIT

Hier einige Tipps für die allgemeine Fahrzeugsicherheit.

Lassen Sie Ihr Auto regelmäßig warten und überprüfen Sie wöchentlich die grundlegenden Dinge (Öl, Wasser, Reifendruck, festsitzende Radmuttern usw.). Der optimale Reifendruck für normales Fahren liegt 10 Prozent unter dem empfohlenen Druck, der auf dem Reifen angegeben ist, und nicht im Fahrzeughandbuch.

Halten Sie Ihren Benzintank immer zu mindestens 1/4 gefüllt und befestigen Sie eine Rasierklinge am Schultergurt als Rettungswerkzeug. Ein Nothammer ist ein weiteres lebensrettendes Werkzeug, das Sie in Reichweite aufbewahren sollten.

Stellen Sie Ihre Seitenspiegel so ein, dass Sie möglichst viel sehen können. Wenn Sie den hinteren Teil Ihres Autos im Spiegel sehen, müssen die Spiegel weiter nach außen geschoben werden.

Legen Sie beim Fahren immer den Sicherheitsgurt an. Halten Sie das Lenkrad mit einem Überhandgriff (Daumen neben den Fingern) auf 9 und 3 Uhr. Überkreuzen Sie niemals Ihre Hände und lenken Sie nicht mit der Handfläche. Benutzen Sie auch beim Lenken beide Hände.

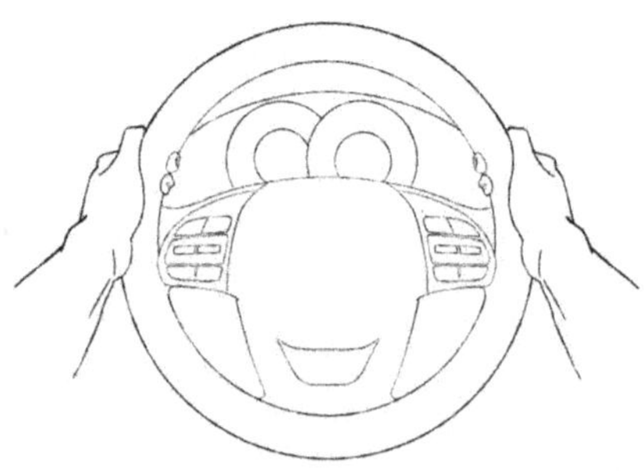

Um zu vermeiden, dass Sie Opfer eines Verkehrsrowdys werden, halten Sie sich an die Verkehrsregeln. Wenn Sie einen Fehler machen, lächeln Sie den betroffenen Fahrer an und sagen Sie „Entschuldigung", während Sie wegfahren.

Wenn Sie eine Reifenpanne haben, schalten Sie die Warnblinkanlage ein und fahren Sie langsam auf dem Seitenstreifen, bis Sie an einer sicheren Stelle den Reifen wechseln können. Der Straßenrand ist nicht sicher!

Das Erlernen grundlegender Autoreparaturen kann Ihr Leben retten. Zumindest sollten Sie wissen, wie man:

- Einen Reifen wechseln.
- Reifen aufpumpen.
- Die Batterie anschließen.
- Starthilfe für eine leere Batterie.
- Prüfen und Auffüllen der Flüssigkeiten im Auto.

Wenn Sie in einer abgelegenen oder anderweitig unsicheren Gegend eine Panne haben, schließen Sie sich im Auto ein und rufen Sie Hilfe.

Für Mitfahrer ist der sicherste Platz im Auto hinter dem Fahrersitz. Im Falle eines Unfalls:

- Ziehen Sie Ihren Sicherheitsgurt so weit wie möglich an.
- Verschränken Sie die Arme vor dem Körper.
- Setzen Sie sich aufrecht hin, indem Sie Rücken und Kopf in den Sitz zurückschieben.
- Entspannen Sie Ihren Körper.

Auto-Sicherheitspaket

Bewahren Sie die folgenden Gegenstände für den Notfall in Ihrem Auto auf.

- Kleiner Feuerlöscher.
- Ersatzreifen.
- Reifenheber.

- Waffen - eine im Kofferraum und eine in Reichweite des Fahrersitzes.
- Starthilfekabel.
- Seile zum Abschleppen.
- Notflüssigkeiten (Öl, Benzin und Kühlmittel).
- Lebensmittel und Wasser für drei Tage.
- Erste-Hilfe-Kasten.
- Ausrüstung für kaltes Wetter (Decken, zusätzliche Kleidung, Poncho).

Modifikationen am Auto

Einige Änderungen am Auto erhöhen die Leistung, Zuverlässigkeit und Sicherheit. Hier sind die Mindestanforderungen, die Sie erfüllen sollten:

- Autoalarm und Wegfahrsperre.
- GPS-Navigation.
- GPS-Ortung.
- Radialreifen mit Notlaufeigenschaften.
- Quarz-Jod-Lampen.
- Bremsleitungen aus rostfreiem Stahl.
- Verschließbarer Tankdeckel.
- Gut gesichertes Auspuffrohr.
- Weitwinklige elektrische Seitenspiegel.

Wenn Sie in unwegsamem Gelände unterwegs sind, rüsten Sie die folgenden Teile auf geländetaugliche Varianten um:

- Kühler.
- Stoßdämpfer und Federn.
- Lenkungspumpe.
- Batterie.

AUSWEICHMANÖVER

In diesem Kapitel werden verschiedene Ausweichmanöver beim Fahren vorgestellt. Einige sind für den Alltag nützlich, andere können jedoch gefährlich sein. Üben Sie sie mit Vorsicht.

Probieren Sie diese Techniken nur in Fahrzeugen mit einem niedrigen Schwerpunkt aus. Bei SUVs und Minivans besteht die Gefahr, dass sie sich überschlagen.

Vergewissern Sie sich, dass Sie wirklich verfolgt werden, bevor Sie sich und andere Fahrer in Gefahr bringen.

Fahren mit beiden Füßen

Wenn Sie einen Automatikwagen fahren, können Sie Ihre Reaktionszeit durch das Fahren mit zwei Füßen erhöhen.

Benutzen Sie dazu einen Fuß zum Bremsen und den anderen zum Beschleunigen, anstatt nur einen Fuß für beide zu benutzen. Treten Sie die Pedale mit den Fußballen durch.

Schwellenbremsung

Die Schwellenbremsung ist eine Technik, um schneller abzubremsen. Dadurch verbessern Sie Ihre Kurvenfahrten und andere präzise Manöver.

Betätigen Sie die Bremse allmählich, aber mit festem Druck, bis kurz bevor die Räder blockieren oder das ABS anspringt. Wenn die Räder blockieren, lösen Sie die Bremse ein wenig und betätigen Sie sie dann erneut mit etwas weniger Druck. Spätestens, wenn Ihre Reifen quietschen, müssen Sie die Bremse lösen.

Einen Verfolger Abhängen

Wenn Sie nicht mit Sicherheit wissen, dass Ihr Auto schneller ist als das eines Verfolgers und Sie sich auf offenen Straßen befinden, sollten Sie Ihre Geschwindigkeit unter 100 km/h halten. Wenn Sie schneller fahren, werden Sie wahrscheinlich einen Unfall bauen.

Verhindern Sie, dass Ihr Verfolger neben Ihnen herfährt, indem Sie ihm den Weg versperren. Wenn er neben Ihnen fährt, kann er Sie leicht ins Visier nehmen oder rammen.

Wenn er auf Sie schießt, fahren Sie Slalom, um den Kugeln auszuweichen. Wenn Sie zurückschießen, zielen Sie auf den Fahrer und/oder seine Vorderreifen. Am besten ist es, wenn ein Beifahrer den Schuss abgibt. Vom Rücksitz aus kann er in jede Richtung schießen.

Um einen Bordstein zu überspringen, verlangsamen Sie Ihre Geschwindigkeit auf unter 70 km/h und nähern Sie sich ihm in einem Winkel von 45 Grad.

Als letzten Ausweg können Sie querfeldein fahren. Fahren Sie besonders vorsichtig, da es viele zusätzliche Hindernisse gibt (Senken, Felsen usw.). Wenn Sie nicht mehr weiterkommen, steigen Sie aus und gehen Sie in Deckung, um Ihre Verfolger zu überrumpeln.

Kurvenfahren

Bei einer guten Kurvenfahrt kommt es darauf an, wann Sie den Scheitelpunkt erreichen. Der Scheitelpunkt ist der Punkt, an dem Ihre Räder der Innenkante der Kurve am nächsten sind.

Wenn mehrere Autolängen zwischen Ihnen und Ihrem Verfolger liegen, sollten Sie einen späten Scheitelpunkt anvisieren.

Das bedeutet, dass Sie vor der Kurve langsamer werden, dafür aber schneller aus der Kurve herauskommen, und je schneller Sie aus der Kurve herauskommen, desto schneller sind Sie auf der Geraden danach.

Wenn Ihr Verfolger nur wenige Wagenlängen entfernt ist, ist es besser, einen frühen Scheitelpunkt zu wählen. Andernfalls könnte er Sie in der Kurve einholen, wenn Sie langsamer werden.

Hier sind einige spezielle Kurventechniken. Sie gehen davon aus, dass Sie einen späten Scheitelpunkt nehmen wollen.

Um eine 90-Grad-Kurve zu fahren, sollten Sie so weit wie möglich nach außen fahren.

Nutzen Sie die Schwellenbremsung und lösen Sie die Bremsen, wenn Sie das erste Drittel der Kurve erreicht haben. Beschleunigen Sie am Ausgang der Kurve.

Fahren Sie in S-Kurven so nah wie möglich an einer geraden Linie.

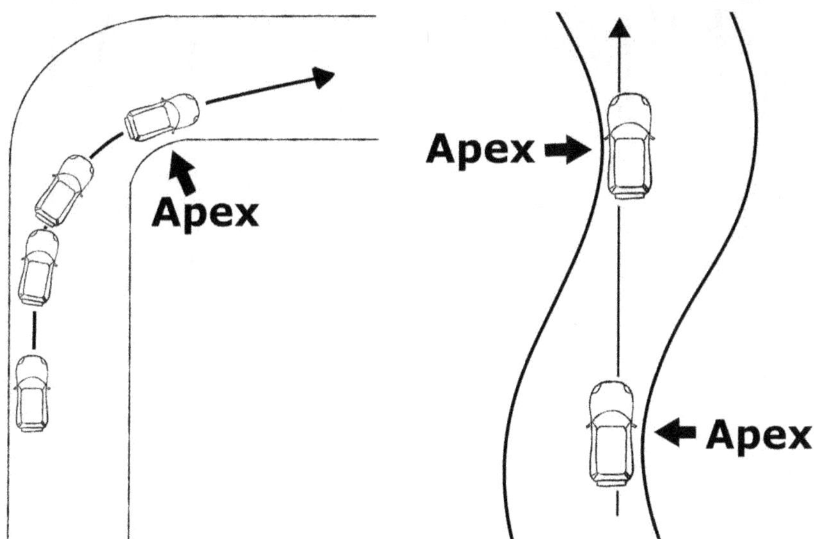

Um eine Haarnadelkurve zu durchfahren, fahren Sie in der ersten Hälfte von außen hinein und behandeln die zweite Hälfte wie eine 90-Grad-Kurve.

Fahren Sie sie langsamer als andere Kurven.

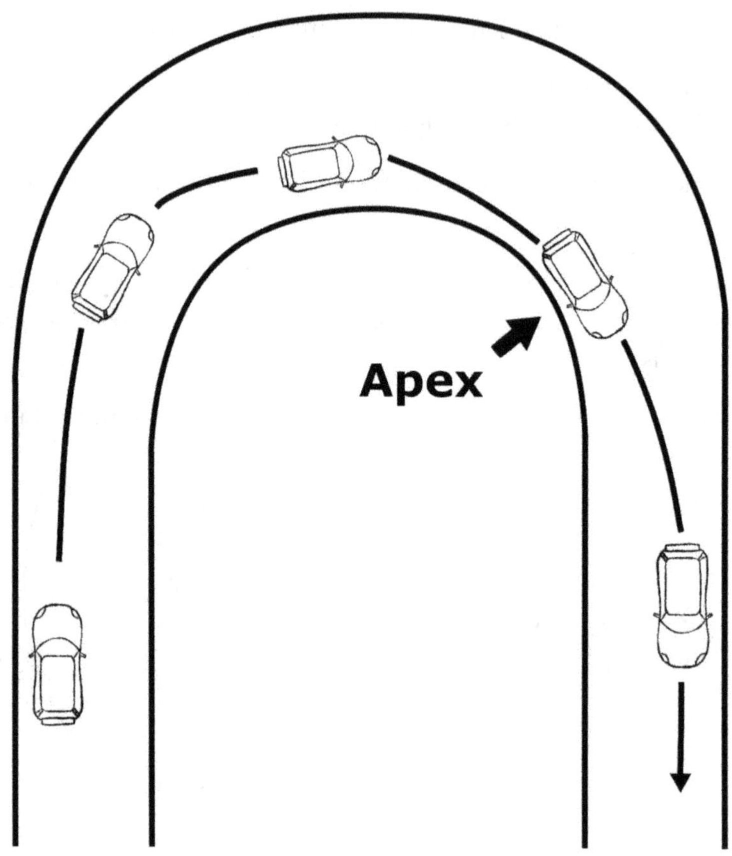

Alternative Umkehr in drei Schritten

Dies ist eine Variation der Umkehr in drei Schritten. Sie ermöglicht es Ihnen, nach einer Kurve auf einer schmalen Straße Ihre Fahrtrichtung umzukehren.

Unmittelbar nach der Kurve biegen Sie in eine Querstraße (oder Einfahrt) ein. Sobald Ihr Verfolger Sie überholt hat, kehren Sie um und fahren in die entgegengesetzte Richtung davon.

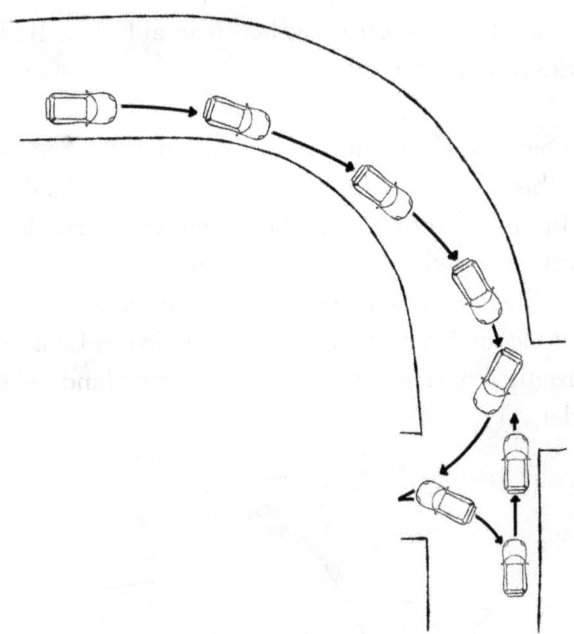

U-Turn

Der herkömmliche U-Turn ist eine 180-Grad-Wendung auf einer zweispurigen Straße. Sie eignet sich gut nach einer unübersichtlichen Kurve oder auf einer langen, nicht geteilten Brücke.

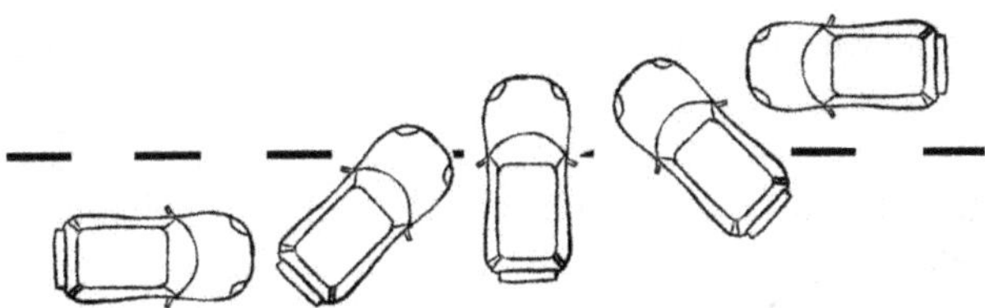

Wenn Sie dieses Manöver üben, sollten Sie den Reifendruck um 10 psi über dem empfohlenen Höchstwert halten. So verhindern Sie, dass sie platzen. Rechnen Sie damit, dass Ihre Vorderreifen schnell abgenutzt sind.

Um zu verhindern, dass Sie sich überschlagen oder die Kontrolle verlieren, fahren Sie nicht schneller als 50 km/h.

Wenn Sie nach links abbiegen wollen (wie auf dem Bild), machen Sie Folgendes in schneller Folge:

- Legen Sie eine Hand auf das Lenkrad und die andere auf die Notbremse (oder Handbremse). Es ist wichtig, die Handbremse/Notbremse zu benutzen. Die normale Fußbremse blockiert die Vorderreifen.
- Drehen Sie das Lenkrad ein wenig nach rechts.
- Ziehen Sie die Bremse an und drehen Sie das Lenkrad gleichzeitig scharf nach links, bis sich Ihre Hand bei 6 Uhr befindet.

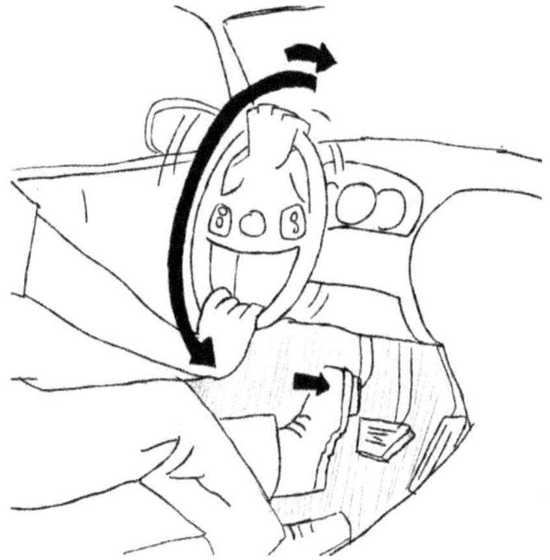

Wenn Sie ein Auto mit Schaltgetriebe fahren, kuppeln Sie, während Sie die Bremse betätigen.

Wenn sich das Fahrzeug in einem Winkel von 90 Grad befindet, lösen Sie die Handbremse, drehen das Lenkrad gerade, schalten in den niedrigen Gang (Schaltgetriebe) und geben Gas.

Treten Sie das Gaspedal nicht durch.

Umgekehrter 180

Um auf einer zweispurigen Straße rückwärts eine 180-Grad-Wendung zu machen, verwenden Sie den umgekehrten 180.

Das ist gut gegen Straßensperren, und mit genügend Übung können Sie es auch auf einer Spur machen.

Wie bei der U-Turn sollten Sie den Reifendruck um 10 psi erhöhen und nicht schneller als 50 km/h fahren.

Wenn Sie links abbiegen wollen (d.h. wenn die Straße links von Ihnen ist):

- Legen Sie Ihre Hand auf 4 Uhr (7 Uhr, wenn Sie rechts abbiegen wollen) und legen Sie die andere Hand auf den Schalthebel.
- Beschleunigen Sie im Rückwärtsgang auf etwa 40 km/h (25mph). Benutzen Sie die Spiegel, um hinter sich zu schauen, anstatt den Kopf zu drehen.
- Drehen Sie das Lenkrad ein wenig nach rechts, nehmen Sie dann den Fuß vom Gaspedal, schalten Sie in den Leerlauf und drehen Sie das Lenkrad scharf nach links, so weit Sie können. Betätigen Sie nicht die Bremsen.
- Wenn sich das Auto im 90-Grad-Winkel befindet, schalten Sie in einen niedrigen/vorwärts gerichteten Gang, richten das Rad gerade aus und geben Gas.

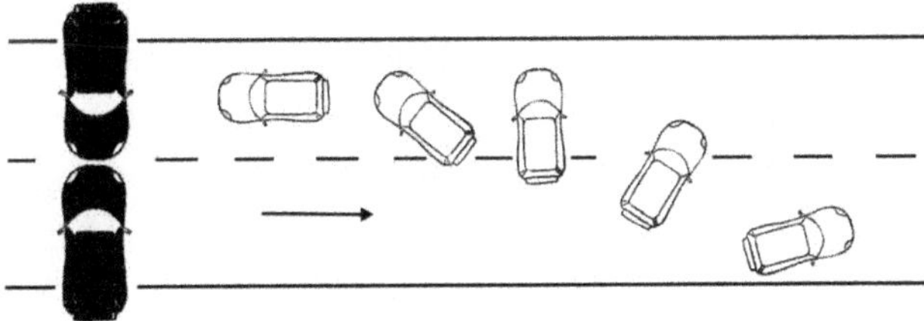

Abschneiden

Das Abschneiden ist ein Manöver, mit dem Sie einen Verfolger im Verkehr abhängen können. Wenden Sie ohne zu blinken in den Gegenverkehr auf die andere Fahrbahn.

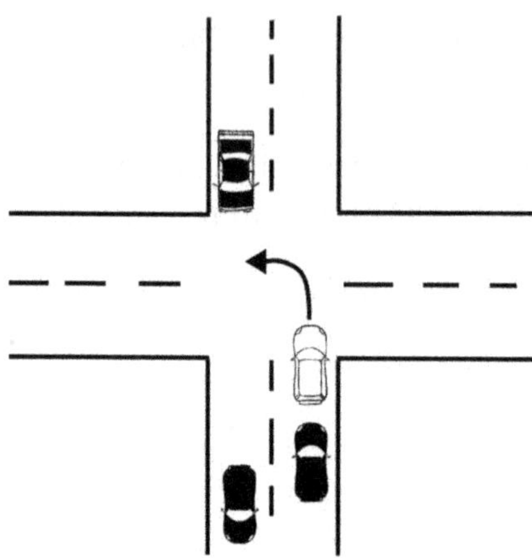

Durch eine Straßensperre fahren

Wenn Sie auf eine Straßensperre stoßen, die aus Autos besteht, ist es besser, sie zu umfahren.

Wenn das nicht möglich ist, sollten Sie sie durchfahren.

Verringern Sie die Geschwindigkeit beim Heranfahren auf unter 30 km/h. So vermeiden Sie, dass Ihr Auto beim Aufprall beschädigt wird, und erwecken bei den Wachleuten den Eindruck, dass Sie anhalten wollen.

Versuchen Sie, mit der Ecke Ihres Wagens auf die Ecke des blockierenden Wagens zu treffen. Jede Berührung von Ecke zu Ecke ist möglich, achten Sie also darauf, was sich hinter dem anderen Auto befindet. Wenn es nichts anderes zu beachten gibt, ist es ideal, die Beifahrerseite (die am weitesten von Ihnen entfernt ist) an die hintere Ecke des anderen Autos (die leichteste Seite) zu drücken.

Halten Sie den Fuß mit gleichmäßigem Druck auf dem Gas, bis Sie durch sind, und geben Sie dann Gas.

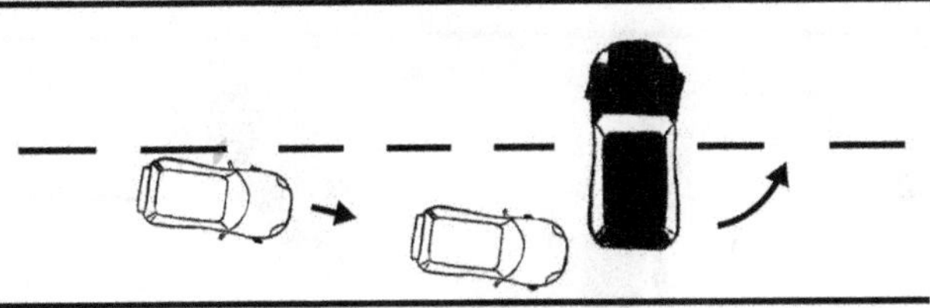

Wenn es zwei Autos gibt, zielen Sie entweder auf das Auto, das den geringsten Widerstand darstellt, oder auf die Mitte der Lücke.

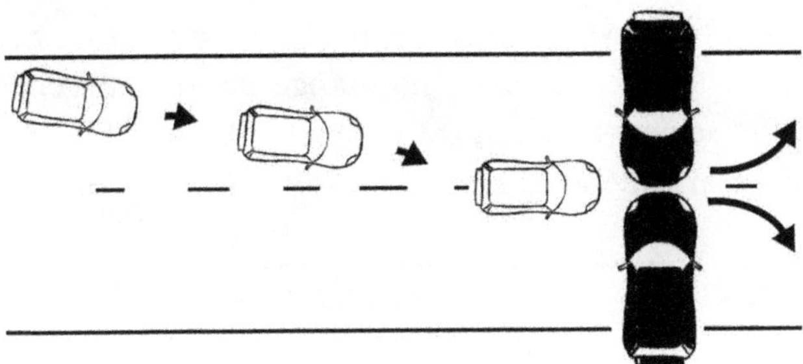

Ein Anderes Auto abdrängen

Wenn Sie es schaffen, hinter Ihren Verfolger zu kommen, können Sie ihn mit den folgenden Techniken von der Straße rammen. Wenn er nicht schneller als 45 km/h fährt, wird er wahrscheinlich einen Unfall bauen.

Die erste Methode ist die Präzisions-Immobilisierungstechnik (PIT). Bringen Sie Ihre vordere Stoßstange in eine Linie mit seinem Hinterrad. Behalten Sie Ihre Geschwindigkeit bei und stoßen Sie mit Ihrer vorderen Stoßstange gegen sein Hinterrad. Betätigen Sie sofort die Bremse und lenken Sie um ihn herum, während er sich vor Ihnen dreht.

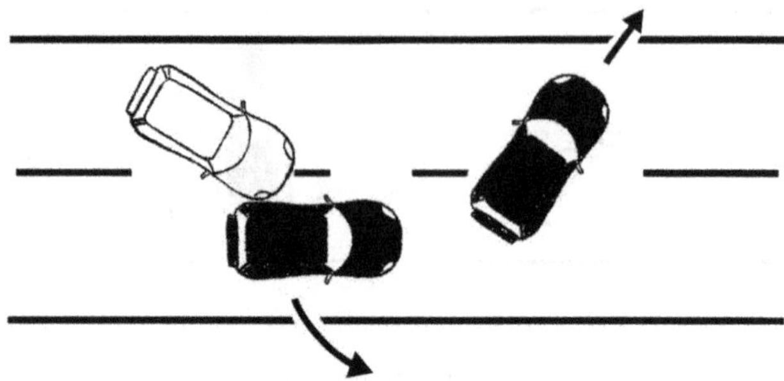

Bei der zweiten Methode starten Sie direkt hinter ihm und beschleunigen, sodass Sie etwa 20 km/h schneller fahren als er. Stoßen Sie mit der Ecke Ihrer vorderen Stoßstange gegen die gegenüberliegende Seite seiner hinteren Stoßstange. Achten Sie darauf, zu stoßen, nicht zu schieben.

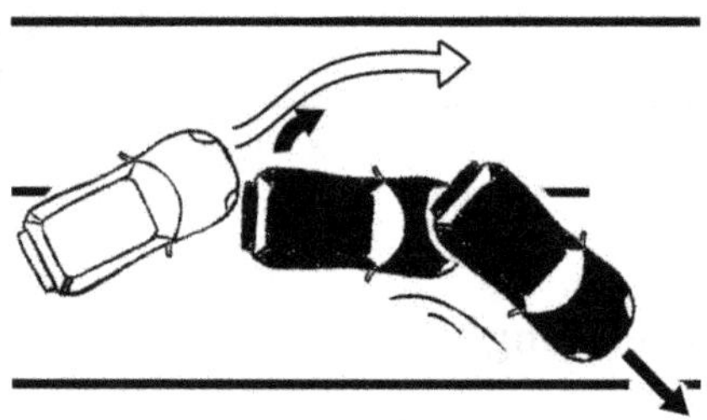

Bei der letzten Methode beschleunigen Sie, um ihn zu überholen. Während des Überholvorgangs stoßen Sie mit der Mitte Ihres Autos in die Ecke seiner vorderen Stoßstange.

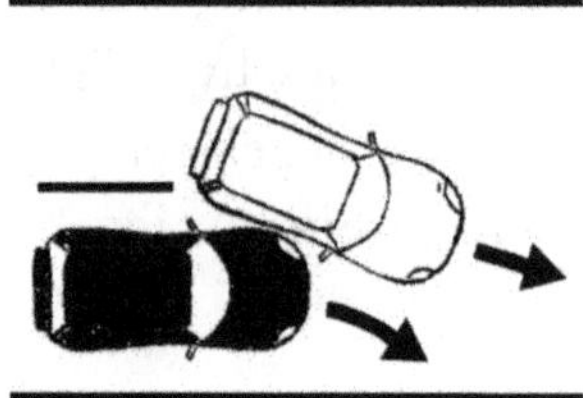

VERHANDLUNG

Die Kenntnis einiger grundlegender Verhandlungstaktiken ist in vielen Bereichen des Lebens nützlich, vom Einkauf auf dem Markt über geschäftliche Verhandlungen bis hin dazu, Ihre Kinder zum Einschlafen zu überreden. Im Zusammenhang mit den in diesem Buch behandelten Themen kann es Ihnen helfen, als Gefangener zusätzliche Leistungen zu erhalten oder um Ihre Freilassung oder die eines geliebten Menschen zu verhandeln.

Die Grundidee jeder Verhandlung besteht darin, herauszufinden, was die andere Partei will, herauszufinden, wie man es ihr geben kann, und es gegen das einzutauschen, was man selbst will. Eine Verhandlung ist ein nicht-linearer Prozess. Um ihn erfolgreich zu gestalten, müssen Sie sich fünf wichtige Fähigkeiten aneignen:

- Aktives Zuhören.
- Informationen einholen.
- Erkennen von Lügen.
- Widerstände überwinden.
- Feilschen.

Jede dieser Fähigkeiten ist für sich genommen nützlich. Ein geschickter Verhandlungsführer wird sie so einsetzen, dass sie sich gegenseitig zu ergänzen.

Bevor Sie jedoch eine dieser Fähigkeiten einsetzen können, müssen Sie sich ein Mindestziel setzen. Setzen Sie sich ein realistisches Ziel, das Sie gerne erreichen möchten. Streben Sie bei Verhandlungen immer das bestmögliche Angebot an, aber gehen Sie nie unter Ihr Ziel. Wenn Sie nicht das gewünschte Angebot erhalten, gehen Sie weg.

AKTIVES ZUHÖREN

Aktives Zuhören ist die Grundlage für jede positive Beziehung. Es hilft, Vertrauen aufzubauen und dem Gesprächspartner gleichzeitig Informationen zu entlocken.

Um aktives Zuhören zu üben, sollten Sie Ihre ganze Aufmerksamkeit darauf verwenden, zu verstehen, was Ihr Gegenüber sagt, sowohl verbal als auch mit seinem Tonfall und seiner Körpersprache.

Achten Sie bei einer formellen Verhandlung besonders auf den Beginn und das Ende des Gesprächs sowie auf die Unterbrechungen. Das sind die Momente, in denen Sie ihn unbewacht beobachten können.

Wenn er aufhört zu sprechen, zeigen Sie Verständnis, indem Sie ihm das Gesagte wiederholen. Tun Sie dies, indem Sie die letzten drei oder die kritischen ein bis drei Worte, die er gesagt hat, wiederholen, eingeleitet durch den Satz „Sie denken/wollen/fühlen ...“ Eine andere Möglichkeit, ein Echo zu geben, besteht darin, auf seine Gefühle zu schließen und diese zu wiederholen, eingeleitet durch die Worte „Es scheint/hört sich an als ob Sie ...“. Sie können das Echo als Aussage oder als Frage verwenden. Der einzige Unterschied ist der Tonfall.

Machen Sie nach dem Echo immer eine Pause von mindestens fünf Sekunden. Das gibt ihm Zeit, das Gesagte zu verarbeiten, und in den meisten Fällen wird er die Stille ausfüllen. Unterbrechen Sie ihn nicht, um erneut ein Echo zu geben oder für irgendetwas anderes. Wenn er ausführlich spricht, verwenden Sie einfache Sätze wie „Ja“, „OK“ und „Ich verstehe“, um zu zeigen, dass Sie zuhören.

Am Anfang müssen Sie vielleicht Fragen stellen, um ihn zum Reden zu bringen. Beginnen Sie mit allgemeinen Themen wie Familie und Interessen. Lassen Sie ihn dann auf seine Ziele, Werte und Wünsche zu sprechen kommen. Sie können ihn dazu ein wenig ermutigen, um den Prozess zu beschleunigen.

Sobald Sie wissen, was er will (Macht, Geld, Sex usw.), überlegen Sie, wie Sie es ihm geben oder vorenthalten können, und nutzen Sie es als Druckmittel bei Verhandlungen. Auch seine Werte können Sie als Druckmittel einsetzen. Keiner will ein Heuchler sein.

Zeigen Sie echtes Interesse an seinen Zielen und an seiner Fähigkeit, sie zu erreichen. Dies ist ein großartiges Mittel, um Beziehungen aufzubauen.

Wenn Ihr Gegenüber sagt: „Das stimmt“, bedeutet dies, dass Sie seine Gefühle richtig wiedergegeben haben. Es ist echter und engagierter als ein „Ja“, welches oftmals nur als Floskel dient.

Das ultimative „Das stimmt“ ist, wenn Sie seinen allgemeinen Standpunkt erfolgreich zusammenfassen. Es ist wie eine Kombination und Umschreibung all Ihrer Echo-Aussagen auf eine Art und Weise, die seine Sichtweise der Situation auf den Punkt bringt.

Hinweis: „Das stimmt“ unterscheidet sich von „da hast du recht“. Letzteres ist vergleichbar mit „Ja“.

Vertrauen aufbauen

Es ist viel einfacher, ein Geschäft mit jemandem abzuschließen, mit dem Sie befreundet sind. Versuchen Sie, von Anfang an ein gutes Verhältnis aufzubauen und dies während der gesamten Interaktion beizubehalten.

Neben aktivem Zuhören gibt es noch einige andere Dinge, die Sie tun können, um ein gutes Verhältnis aufzubauen.

Machen Sie einen positiven ersten Eindruck, wenn Sie jemanden zum ersten Mal treffen, indem Sie ihm in die Augen schauen und „Hallo, (Name)“ sagen und dabei aufrichtig lächeln. Bei einer feindseligen Person (z. B. Ihrem Entführer) ist dies irrelevant, aber für alltägliche Interaktionen ist es gut zu wissen.

Seien Sie höflich und respektvoll. „Bitte“ und „Danke“ sind sehr wichtig. Kritik, Widerrede oder unaufgeforderte Ratschläge sind unhöflich. Ermutigung und Komplimente sind gut, aber nur, wenn sie echt sind. Keiner mag einen Schleimer. Sie müssen nicht mit allem einverstanden sein, was die andere Person sagt, aber seien Sie nicht unhöflich.

Seien Sie verantwortungsbewusst und vertrauenswürdig. Geben Sie zu, wenn Sie einen Fehler gemacht haben (es sei denn, es drohen rechtliche Konsequenzen), und halten Sie sich an das, was Sie sagen. Das bedeutet, dass Sie ehrlich darüber sein müssen, was Sie tun können und was nicht. Lächeln Sie beim Sprechen (auch am Telefon), um eine positive Einstellung zu vermitteln.

Vermeiden Sie das Wort „ich". Wenn Sie ständig von sich selbst oder von dem, was Sie wollen, sprechen, wird er sich von Ihnen und dem Geschäft abwenden.

INFORMATIONEN ENTLOCKEN

Auch wenn Sie nicht verhandeln, sollten Sie von Ihrem Entführer (oder anderen Personen) so viele Informationen wie möglich erhalten. Man weiß nie, was man entdecken könnte, das einem zur Flucht verhilft.

Wenn Sie jemanden um Informationen bitten, suchen Sie sich nach Möglichkeit das schwächste Glied. Das ist in der Regel derjenige, der am nettesten zu Ihnen ist (Ihnen zum Beispiel zusätzliches Essen gibt).

Beginnen Sie mit aktivem Zuhören. Wenn das nicht ausreicht, probieren Sie einige dieser Taktiken aus.

Halten Sie Ausschau nach Menschen, die diese Taktiken auch gegen Sie anwenden, sei es in Gefangenschaft (Verhör) oder im Alltag.

Holen Sie sich Hilfe

Oft zeigen Ihnen Menschen gerne, wie man etwas macht, ohne zu merken, dass sie es Ihnen nicht beibringen sollten.

Einem Ziel schmeicheln

Schmeicheln Sie Ihrer Zielperson über das, was sie getan hat (oder was Sie glauben, dass sie getan hat), und sie wird Ihnen gerne genau sagen, wie sie es getan hat.

Mich korrigieren

Machen Sie eine falsche Aussage, um die richtige Antwort zu erhalten.

Erzähl mir Mehr

Wenn er ein Thema anspricht, das ihn interessiert, ermutigen Sie ihn mit einer offenen Frage dazu, mehr darüber zu erzählen, z. B. „Oh, das ist nicht gut. Warum ist das passiert?"

Wissen weitergeben

Zeigen Sie, dass Sie über ein bestimmtes Thema Bescheid wissen, und Ihr Gesprächspartner hilft Ihnen vielleicht, die Lücken zu füllen, oder erzählt Ihnen, was er weiß, nur um an dem Gespräch teilzunehmen.

Indirekte Fragen

Menschen reagieren oft abwehrend, wenn sie direkt gefragt werden. Stellen Sie indirekte Fragen, um die Antwort zu erhalten. Fragen Sie zum Beispiel statt „Was hat Ryan falsch gemacht?" lieber „Was hätten Sie anders gemacht?"

Verletzte Gefühle

Manche Menschen halten Informationen zurück oder erzählen Notlügen, um Ihre Gefühle zu schützen. Versichern Sie ihnen, dass Ihre Gefühle nicht verletzt werden, und fragen Sie nach der unverblümten Wahrheit.

Raten Sie

Wenn jemand sagt: „Ich weiß es nicht", fragen Sie: „Was schätzen Sie denn?"

Anvertrauen

Gestehen Sie einer Zielperson ein ähnliches Fehlverhalten, um Vertrauen aufzubauen. Vielleicht gesteht er im Gegenzug sein Fehlverhalten ein.

Was passiert ist, ist nicht wichtig

Wenn Sie den Verdacht haben, dass jemand lügt oder etwas Falsches getan hat, sagen Sie ihm, dass Ihnen die Tat nicht wichtig ist, sondern dass die Ehrlichkeit in Ihrer Beziehung oder seine Motivation für die Tat (z. B. wenn es ein Unfall war) wichtiger ist.

Geben Sie einen Grund an

Manchmal brauchen Menschen einen kleinen Anstoß, um Informationen preiszugeben. Verwenden Sie eine „Weil-Aussage", z. B. „Ich muss wissen, ob ... weil ...". Geben Sie einen guten/seriösen Grund an.

Letzte Chance

Weisen Sie Ihre Zielperson darauf hin, dass sie keine weitere Chance bekommt, wenn sie es Ihnen jetzt nicht sagt. Geben Sie ihm einen Grund, warum es keine weitere Chance geben wird, oder erklären Sie ihm, was passieren könnte, wenn er nicht redet.

Greifen Sie das Ego Ihrer Zielperson an

Schließen Sie darauf, dass Ihre Zielperson die Antwort wahrscheinlich nicht kennt. Er könnte sie Ihnen als Beweis dafür geben, dass er sie weiß.

Helfen Sie Ihrer Zielperson

Sagen Sie Ihrer Zielperson, dass Sie ihr helfen können, sich aus einer schlechten Situation zu befreien, aber dass Sie zuerst die Fakten kennen müssen.

Verwandte Kapitel:

- Aktives Zuhören

LÜGEN ERKENNEN

Wenn Sie Informationen einholen, müssen Sie wissen, was wahr ist und was nicht. Diese Fähigkeiten sind auch nützlich, um Lügen im Allgemeinen zu erkennen.

Es gibt einige häufige Verhaltensweisen, die auf eine Lüge hindeuten:

- Eine verworrene Geschichte mit Widersprüchen.
- Als Antwort auf Ihre Frage erhalten Sie eine Gegenfrage oder einer anderen Nicht-Antwort.
- Andere beschuldigen.
- Weitere Nachfragen abblocken.
- Nicht in der Lage sein, Beweise zu liefern.
- Falsche Tatsachen bestätigen, leugnen oder nicht korrigieren.
- Ständige Bezugnahme auf andere Personen mit Pronomen der dritten Person (er, sie, sie usw.).
- Über die Bedeutung von Wörtern streiten, während das Gehirn die Lüge formuliert.
- Sich von Ihnen abwenden und/oder herumzappeln. Dies ist ein Zeichen dafür, dass die Person weglaufen möchte.
- Größeres Interesse an den Konsequenzen als an der Geschichte.
- Ihr Gegenüber weiß Dinge, die er nicht wissen sollte.
- Sich weniger bewegen oder ganz erstarren.
- Überreagieren, wenn sie konfrontiert werden.
- Sich als vertrauenswürdig darstellen, anstatt Fragen direkt zu beantworten (z. B. über ihre guten Taten oder ihre religiöse Natur erzählen).
- Intensives Starren.
- Geschichten erzählen, die nicht mit denen anderer Personen übereinstimmen. Komplizen immer getrennt befragen.

- Die Person schlägt eine mildere Strafe für den „unbekannten" Täter vor.
- Die Person verwendet einen Tonfall und eine Körpersprache, die nicht zu dem passen, was sie sagt. Sie sagt zum Beispiel „Ja", schüttelt aber unmerklich den Kopf hin und her.
- Die Person verwendet eine übermäßige Anzahl von Wörtern.

Die oben genannten Anzeichen können auf einen Lügner hinweisen, sind aber nicht sehr zuverlässig. Selbst wenn eine Person mehrere dieser Anzeichen zeigt, kann sie die Wahrheit sagen.

Eine genauere Methode besteht darin, zu untersuchen, wie sich eine Person verhält, wenn sie nicht lügt. Dazu müssen Sie zunächst das Verhalten einer Person, die nicht lügt, als Ausgangspunkt festlegen.

Wenn seine Verhaltensweisen mit diesem Ausgangspunkt in Konflikt stehen, können Sie beurteilen, ob er lügt oder nicht.

Festlegen des Grundverhaltens

Sorgen Sie dafür, dass sich Ihre Zielperson körperlich und geistig wohlfühlt.

Stellen Sie einfache, offene Fragen, bei denen er keinen Grund zum Lügen hat.

Beobachten Sie sein Verhalten und notieren Sie sich seine Eigenheiten, während er spricht.

Achten Sie zum Beispiel darauf, ob er mit den Fingern tippt, den Blick von Ihnen abwendet, an den Nägeln kaut oder eine bestimmte Mimik zeigt. Dies sind seine normalen Verhaltensweisen - vorausgesetzt, er spricht wahrheitsgemäß.

Jetzt können Sie ihm Fragen stellen, auf die er möglicherweise lügt. Achten Sie auf die üblichen Anzeichen eines Lügners und schließen

Sie alle aus, die Sie als Teil seines normalen Verhaltens wahrgenommen haben.

Aktiv Werden

Wenn Sie glauben, dass jemand lügt, versuchen Sie, ihn dazu zu bringen, die Lüge dreimal im selben Gespräch zu erzählen. Es ist schwer, dieselbe Lüge dreimal hintereinander zu erzählen, vor allem, wenn sie nur erfunden ist.

Wiederholen Sie dazu, was er Ihnen sagt, damit er es bestätigt. Sie können ihm auch eine Frage stellen, um ihn dazu zu bringen, den Teil seiner Geschichte noch einmal zu erzählen.

Sie können z. B. fragen: „Wie haben Sie noch einmal ...?"

Jemanden zu konfrontieren, nachdem er eine Lüge bestätigt hat, wird in den meisten Fällen nicht empfohlen.

Nutzen Sie stattdessen das Wissen, um bessere Entscheidungen zu treffen, und fahren Sie fort, Informationen zu erfragen.

Verwandte Kapitel:

- Informationen Entlocken

WIDERSTÄNDE ÜBERWINDEN

Ein Widerstand ist alles, was dem Abschluss einer Vereinbarung im Wege steht. In den meisten Fällen werden beide Parteien bei einer ernsthaften Verhandlung reichlich Widerstand leisten.

Es ist wichtig, sich daran zu erinnern, dass es die Widerstände sind, die Sie überwinden müssen, nicht die Person. Ganz gleich, welche Widerstände auftauchen, bleiben Sie ruhig und höflich und konzentrieren Sie sich auf das Geschäft.

Im Folgenden finden Sie einige Instrumente, mit denen Sie Widerstände in einer Verhandlung überwinden können.

Einwänden zuvorkommen

Listen Sie vor Beginn der Verhandlungen alle Einwände auf, die Ihr Gegenüber gegen Ihr Angebot haben könnte. Um dies zu erleichtern, versetzen Sie sich in seine Lage, mit dem Ziel, dass er Ihr Angebot ablehnen würde.

Überlegen Sie sich für jeden Einwand, den Sie aufschreiben, eine Lösung, bei der alle Beteiligten gewinnen, und/oder eine positive Wendung.

Bringen Sie ihn dazu, „Nein" zu sagen

Bringen Sie Ihren Gegner dazu, schon früh in der Verhandlung „Nein" zu sagen. Das gibt ihm ein Gefühl der Kontrolle, und wenn er es einmal gesagt hat, wird er für Verhandlungen empfänglicher sein.

Wenn er nicht von sich aus „Nein" sagt, lösen Sie es aus, indem Sie:

- ihm ein falsches Echo geben, damit er Ihnen widersprechen muss.

- Fragen formulieren, auf die die positive Antwort ein Nein ist, z. B. „Willst du mich schlagen?".
- eine Frage stellen, die nur negativ beantwortet werden kann, z. B. „Willst du verhaftet werden?".

Wenn eine Person sich weigert, Nein zu sagen, ist das ein Zeichen dafür, dass sie unentschlossen oder verwirrt ist oder dass sie eine versteckte Absicht hat. In diesem Fall ist es am besten, sich von der Verhandlung zurückzuziehen. Wenn Sie die Verhandlung wieder aufnehmen müssen, suchen Sie sich einen höher gestellten Gesprächspartner.

Fragen Sie nach dem „Wie?"

Fragen nach dem „Wie" sind der einfachste Weg, um Lösungen für Einwände zu finden, unabhängig davon, ob es sich um Ihre Einwände oder die der anderen Person handelt. Setzen Sie sie früh und oft ein.

Die „Wie"-Frage funktioniert, weil sie ihn dazu bringt, sich Lösungen und Umsetzungsstrategien auszudenken. Dadurch hat er ein ureigenes Interesse, da es seine Ideen sind.

Wenn Sie eine „Wie"-Frage stellen, dann tun Sie dies aus einer problemlösenden Grundhaltung heraus. Andernfalls könnte sie wie eine Anschuldigung klingen.

Wenn eine „Wie"-Frage unangebracht erscheint, versuchen Sie es mit einer „Was"-Frage, z. B. „Was kann ich tun, damit das Problem verschwindet?"

Fragen Sie niemals „Warum?". Das ist eine Anschuldigung.

Verwenden Sie „Weil".

Es ist wahrscheinlicher, dass Menschen Ihrer Bitte nachkommen, wenn Sie einen Grund dafür nennen, und das geht am einfachsten, indem Sie das Wort „weil" in Ihre Bitte einbauen. Sie können zum

Beispiel sagen: „Es wäre vielleicht besser, ... (Maßnahme) zu ergreifen, weil ... (Grund)“. Achten Sie darauf, dass Sie einen angemessenen Tonfall verwenden, damit es als Bitte und nicht als Forderung rüberkommt.

Die Kombination von „wie“ und „weil“ funktioniert ebenfalls gut. Sagen Sie zum Beispiel: „Wie sollen wir ...? Weil ...“ Oder ersetzen Sie „weil“ durch „wenn“ (was in diesem Zusammenhang im Wesentlichen dasselbe Wort ist), sodass die Frage zu „Wie können wir ... wenn ...?“ wird.

Seien Sie Fair

Menschen sind eher bereit, sich zu fügen, wenn Sie sie fair behandeln. Wenn Ihnen vorgeworfen wird, unfair zu sein, fragen Sie „Wie bin ich unfair?“, um den Einwand aufzudecken.

Beschuldigen Sie Ihren Gegner niemals direkt, unfair zu sein. Das wird ihn nur feindselig stimmen. Unterstellen Sie es mit „Wie“-Fragen. Sagen Sie zum Beispiel: „Wie soll ich ..., wenn Sie ...?“

Fristen

Menschen benutzen oft Fristen, um ein Geschäft zu überstürzen, aber sie sind fast nie in Stein gemeißelt.

Wenn die Drohungen konkret werden, sollten Sie aufmerksam werden. Wie konkret eine Drohung ist, können Sie daran erkennen, wie viele der „vier Fragen“ (was, wer, wann und wie) beantwortet werden. Je mehr dieser Fragen beantwortet werden, desto konkreter ist die Drohung.

Angebote ablehnen

Ein direktes „Nein“ ist verhandlungshemmend und kann die Gegenseite verletzen. Es gibt Möglichkeiten, ein Angebot behutsam abzulehnen, sodass er ein Gegenangebot machen kann, ohne das Gesicht zu verlieren. Sie können mehrere Male „Nein“ sagen, ohne das

Wort zu benutzen, bevor Sie einen festen Standpunkt einnehmen müssen. Verwenden Sie sie alle.

Wenn Sie zum ersten Mal etwas ablehnen, fassen Sie die Situation zusammen und verwenden Sie eine „Wie"-Frage, z. B. „Wie sollen wir ...?" oder „Woher weiß ich, ob ...?". Machen Sie dies mehrmals, wenn es die Situation erlaubt.

Wenn Sie sein nächstes Angebot ablehnen, erwähnen Sie seine Großzügigkeit, entschuldigen Sie sich und lehnen Sie ab: „Es ist ein großzügiges Angebot, aber es tut mir leid, ich kann es nicht annehmen."

Bei der nächsten Ablehnung entschuldigen Sie sich und lehnen ab: „Es tut mir leid, aber ich kann das wirklich nicht tun."

Bei der nächsten Absage sagen Sie: „Es tut mir leid, nein". Wenn das nicht fest genug ist, sagen Sie ihm ein klares „Nein". Senken Sie den Tonfall Ihrer Stimme, um eine sanfte Antwort zu geben.

Nicht-Finanzielle Lösungen

Wenn Geld ein Hindernis ist, er aber nicht einlenken will, schauen Sie, ob er etwas anderes anzubieten hat, um mit Ihnen ins Geschäft zu kommen. Bitten Sie ihn um Dinge, die ihn wenig oder gar nichts kosten, aber für Sie einen Wert haben.

Andere Menschen

Oftmals verhandeln Sie nicht mit der einzigen Person (oder den einzigen Personen), die von dem Geschäft betroffen sind. Dies ist (normalerweise) ein verstecktes Hindernis, das später Probleme verursachen kann.

Beugen Sie dem vor, indem Sie fragen, wie sich das Geschäft auf andere Betroffene auswirken wird. Finden Sie heraus, ob sie das Geschäft befürworten und/oder welche Einwände sie haben.

Ein weiteres personenbedingtes Hindernis ist die Einführung neuer Verhandlungspartner. Dies bedeutet fast immer, dass Ihre Gegner eine härtere Gangart einschlagen wollen. Fangen Sie in diesem Fall dort an, wo Sie aufgehört haben. Wiederholen Sie, was Sie bisher verhandelt haben, hören Sie aktiv zu und überwinden Sie alle neuen Hindernisse.

Verwandte Kapitel:

- Aktives Zuhören

FEILSCHEN

Wenn aktives Zuhören und Ihre Hilfsmittel zur Überwindung von Hindernissen nicht greifen, müssen Sie auf das Feilschen zurückgreifen.

Feilschen ist auch ein gutes Mittel für schnelle Preisverhandlungen, zum Beispiel auf einem Straßenmarkt.

Das Ackerman-Modell ist eine Verhandlungsstrategie, die eine Reihe von psychologischen Werkzeugen enthält. Obwohl es sich auf Geldverhandlungen bezieht, kann man es auch auf andere Dinge anwenden. Bei diesem Modell wird davon ausgegangen, dass Sie versuchen, etwas zu einem günstigeren Preis zu bekommen (d. h., Sie sind der „Käufer"), aber es funktioniert auch, wenn Sie der „Verkäufer" sind.

Schritt 1. Legen Sie Ihren Zielpreis Fest

Legen Sie eine ehrgeizige, aber mögliche Zahl fest. Es muss sich nicht um eine runde Zahl handeln. Anstelle von $500 können Sie beispielsweise $497,98 verwenden.

Schritt 2. Setzen Sie einen Extrem-Anker

Lassen Sie ihn das erste Angebot machen.

Kontern Sie mit 65 % Ihres Zielpreises, vorausgesetzt, sein Angebot war nicht besser als das.

Ein extrem niedriges erstes Angebot senkt die Erwartungen Ihres Gegenübers und gibt Ihnen Spielraum. Er könnte mit seinem ersten Angebot das Gleiche versuchen. Lassen Sie sich davon nicht beirren. Halten Sie sich an Ihren Plan.

Sie können einem Einwand gegen Ihren niedrigen (oder hohen) Preis zuvorkommen, indem Sie auf andere Fälle verweisen, z. B. auf die Online-Kosten oder den Preis, den ein anderes Unternehmen verlangen würde.

Schritt 3. Erhöhen Sie Ihr Angebot in absteigenden Schritten

Ihr zweites und drittes Angebot sollte bei 85 % bzw. 95 % Ihres Zielpreises liegen, Ihr letztes Angebot bei 100 %.

Wenn Sie Ihre Angebote auf diese Weise erhöhen (65, 85, 95, 100), entsteht der Eindruck, dass Sie unter Druck gesetzt werden.

Nutzen Sie alle Möglichkeiten, um Widerstände zu überwinden, und sagen Sie vor jeder Erhöhung Nein. Erhöhen Sie Ihr Angebot nie, bevor die andere Person ein Gegenangebot gemacht hat.

Schritt 4. Durchsetzen oder weggehen

Manchmal brauchen Menschen einen kleinen zusätzlichen Anstoß, um das Geschäft abzuschließen. Verwenden Sie eine Aufforderung zum Handeln, z. B. „Machen wir es so". Wenn das nicht ausreicht, zeigen Sie Ihrem Gegenüber, was er verlieren wird, wenn er nicht handelt. Menschen sind eher bereit, etwas zu unternehmen, wenn sie einen Verlust erleiden, als wenn sie einen gleichwertigen Gewinn erzielen.

Sobald Sie sich auf Bedingungen geeinigt haben, überprüfen Sie diese und entwickeln Sie eine Umsetzungsstrategie (falls zutreffend). Eine gute Möglichkeit ist eine Frage nach dem „Wie", z. B. „Wie möchten Sie das erledigen?"

Wenn Sie mit dem Geschäft nicht zufrieden sind, lassen Sie es sein.

Verwandte Kapitel:

- Aktives Zuhören
- Widerstände überwinden

SAMMELN VON RESSOURCEN

Sobald Sie Informationen gesammelt und einen Fluchtplan erstellt haben, müssen Sie sich Dinge besorgen, die Ihnen bei der Flucht helfen und gegebenenfalls Ihr Überleben sichern (z. B. wenn Sie in der Wildnis gefangen gehalten werden). Gleichzeitig solltest du nicht zu viele Dinge mit dir herumtragen, da dies deine Flucht behindern würde.

NÜTZLICHE GEGENSTÄNDE

Im Idealfall (aber nicht wahrscheinlich) haben Sie einen Rucksack mit allem, was Sie brauchen. Hier sind einige Dinge, die Sie berücksichtigen sollten, mit Beispielen in Klammern:

- Verteidigung (Pistole, Messer).
- Flucht (Aufbruchswerkzeug, Ablenkungsmanöver).
- Navigation (Karte, Kompass).
- Feuer (Streichhölzer, Feuerstein und Stahl).
- Wasser (Wasserflasche, Filter, Reinigungstabletten).
- Nahrung (Schokoriegel, Dörrfleisch).
- Unterschlupf (Poncho, Überlebensdecke).
- Signalmittel (Spiegel, Pfeife, Taschenlampe, Mobiltelefon).
- Erste Hilfe (Verbände, Antibiotika, Jod).

Die Beschaffung der meisten dieser Dinge wird in der Gefangenschaft nahezu unmöglich sein, aber sobald Sie entkommen sind, können Sie sie auf der Flucht finden und/oder improvisieren. Um mehr darüber zu erfahren, wie man das macht, besuchen Sie

www.SFNonFictionbooks.com/Foreign-Language-Books

Auch in Gefangenschaft können Sie nützliche Gegenstände wie Nägel, Glasscherben oder Tauwerk sammeln. Lassen Sie nichts außer Acht, bevor Sie nicht alle möglichen Verwendungszwecke geprüft haben.

Wenn Sie einen Stift in die Hände bekommen, zeichnen Sie eine Karte auf die Innenseite Ihrer Kleidung.

Essen Sie jede zusätzliche Nahrung, die Sie in der Gefangenschaft erhalten, um Ihre Kräfte wiederzuerlangen. Sobald Sie gesund sind, legen Sie einen Vorrat für Ihre Flucht an oder für den Fall, dass Ihre Entführer Ihnen nichts mehr zu essen geben.

Landstreicherrolle

Wenn Ihnen nichts anderes zur Verfügung steht und Sie die nötigen Mittel haben, können Sie eine Landstreicherrolle anfertigen, um Ihre Sachen zu transportieren. Besorgen Sie sich ein Stück Stoff, von etwa 90 cm^2. Starkes, wasserfestes Material ist vorzuziehen.

Legen Sie zwei kleine Steine in gegenüberliegende Ecken und falten Sie die Ecken des Stoffes über die Steine.

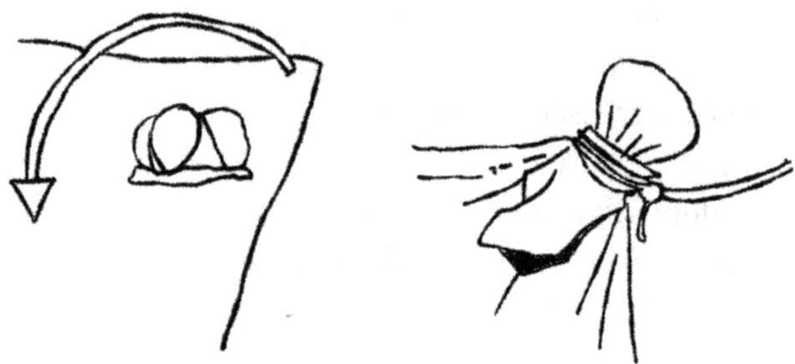

Legen Sie das Tuch auf den Boden und legen Sie Ihre Sachen an einer Kante entlang. Legen Sie die am häufigsten benutzten Gegenstände nach außen und polstern Sie harte Gegenstände aus. Wickeln Sie Ihre Sachen darin fest ein.

Binden Sie die Enden eines Seils unter den Steinen fest und wickeln Sie das Ganze dann in einer bequemen Position um Ihren Körper.

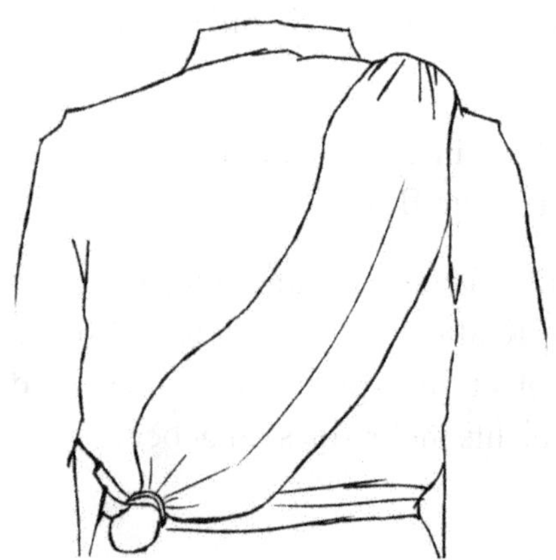

TASCHENDIEBSTAHL

Wenn Sie wissen, wie man aus Taschen klaut, können Sie auf der Flucht von Ihren Entführern oder auf der Straße Ressourcen sammeln. Diese Lektionen bieten auch Schutz vor Taschendieben.

Ein erfolgreicher Taschendieb ist ein grauer Mann. Er ist jemand, den andere Leute übersehen und um den sie sich keine Sorgen machen. Werden Sie zu dieser unverdächtigen Person, um Ihre Chancen beim Taschendiebstahl zu verbessern.

Wählen Sie ein Ziel

Eine Zielperson ist eine Person, die Sie ausrauben wollen. Sie ist Ihr Opfer.

Wählen Sie die Person mit dem größten Wert. Auf der Straße wäre das jemand mit einer Menge Geld und/oder Autoschlüsseln. Als Gefangener könnten Sie jemanden wählen, der die Schlüssel zu Ihrer Zelle oder eine Waffe hat.

Der einzige Weg, um festzustellen, wer was hat, ist durch Beobachtung. Wenn Sie Geld brauchen, gehen Sie an Orte, an denen Geld sichtbar ist, z. B. Geldautomaten, Rennbahnen, Bars und Banken.

Ältere Menschen sind leichter zu beklauen, weil sie oft Hilfe brauchen, was es Ihnen ermöglicht, sich ihnen zu nähern. Außerdem reagieren sie weniger empfindlich auf deine Bewegungen.

Sobald Sie ein Ziel haben, verfolgen Sie es, bis sich eine Gelegenheit bietet.

Bestimmen Sie den Standort

Versuchen Sie niemals, etwas zu stehlen, wenn Sie nicht wissen, wo sich der Gegenstand befindet.

Die zuverlässigste Methode, den Standort eines Wertgegenstandes festzustellen, besteht darin, zu beobachten, wo Ihre Zielperson ihn verstaut. Eine weitere Möglichkeit besteht darin, das Gewicht und/oder die Form des Gegenstandes zu beobachten. Ihr Zielobjekt wird es vielleicht regelmäßig überprüfen, indem es seine Hände darauf legt, um sicherzustellen, dass es noch da ist.

Der Inhalt der Gesäßtasche ist am einfachsten zu entwenden. Ein geübter Taschendieb kommt an jede Tasche heran, aber als Amateur sollten Sie dies vermeiden:

- Enge Hosen.
- Vordertaschen.
- Innere Jackentaschen.
- Eine Brieftasche, die auf der Seite liegt (d. h. in einer Position, in der die Falte nicht direkt nach oben oder unten zeigt).

Warten Sie auf eine Ablenkung oder schaffen Sie eine

Greifen Sie in die Tasche Ihres Ziels, wenn es abgelenkt ist. Menschen können sich immer nur auf eine Sache gleichzeitig konzentrieren. Ihr Ziel ist, dass er sich auf alles konzentriert, was nicht Sie sind oder was Sie nehmen wollen.

Die beste Art der Ablenkung ist eine, die eine kleine physische Wirkung auf ihn hat. Das liegt daran, dass jede Empfindung einer größeren Kraft die einer geringeren Kraft aufhebt. Wenn ihm zum Beispiel jemand auf die Schulter klopft, wird er wahrscheinlich nicht spüren, dass Sie ihm die Brieftasche wegnehmen.

Ablenkungen durch Stöße können an belebten Orten natürlich auftreten oder von Ihnen erzeugt werden. Sie können zum Beispiel etwas auf ihn schütten (vorzugsweise etwas Heißes) oder ihn anrempeln, während Sie vorgeben, betrunken zu sein.

Den Gegenstand entwenden

Der Zwei-Finger-Griff ist eine einfache Methode, um Gegenstände verschiedener Formen und Größen zu stehlen, z. B. ein Telefon, Schlüssel oder eine Brieftasche, insbesondere wenn sie sich in einer hinteren oder äußeren Manteltasche befinden.

Stellen Sie sich hinter Ihre Zielperson und bilden Sie mit Zeige- und Mittelfinger ein schmales „V".

Stecken Sie Ihre Finger in die Tasche, gerade so weit, dass Sie den Gegenstand berühren, aber nicht mehr.

Ziehen Sie ihn schnell und kräftig heraus, wenn die Ablenkung eintritt.

Wenn Sie die Zeit haben, z. B. wenn Sie in der Schlange warten, können Sie ein Telefon oder eine Brieftasche Stück für Stück nach oben schieben. Achten Sie darauf, dass Ihre Hände nach jedem großen Stoß sichtbar sind.

Abbrechen

Wenn sich eine verdächtige Person umdreht, werfen Sie die Brieftasche auf den Boden, heben Sie sie auf und sagen Sie: „Ich glaube, das haben Sie fallen lassen."

Wenn Sie erwischt werden, bevor der Diebstahl abgeschlossen ist, geben Sie es als versehentliches Anstoßen aus.

Wenn Sie beschuldigt werden, streiten Sie alles ab. Laufen Sie, wenn nötig weg.

Üben Sie

Taschendiebstahl ist eine Fertigkeit, und wie jede Fertigkeit erfordert sie Übung, damit Sie gut darin werden.

Es ist keine gute Idee, an echten Zielpersonen zu üben, aber es ist wichtig, an echten Menschen zu üben, da sie Feedback geben können. Wenn Sie eine Tarngeschichte brauchen, sagen Sie, dass Sie Taschenspielertricks lernen.

Wenn keine echte Person zur Verfügung steht, verwenden Sie eine Schaufensterpuppe, einen Mantel auf einem Stuhl und/oder eine mit Lumpen gefüllte Hose.

Verwandte Kapitel:

- Häufige Betrügereien und Kleindiebstahl

VERSCHLOSSENE TASCHEN ÖFFNEN

Wenn Sie eine verschlossene Tasche öffnen, können Sie nützliche Dinge entdecken, die Sie zur Flucht nutzen können.

Öffnen von Reißverschlusstaschen

Um eine verschlossene Tasche mit Reißverschluss zu öffnen, schieben Sie die Reißverschlüsse bis zu einem Ende.

Verwenden Sie einen Kugelschreiber, um die Reißverschlussspur aufzubrechen (klemmen Sie ihn zwischen den Zähnen ein), und holen Sie das, was Sie brauchen. Schließen Sie die Tasche wieder, und sie funktioniert wie gewohnt.

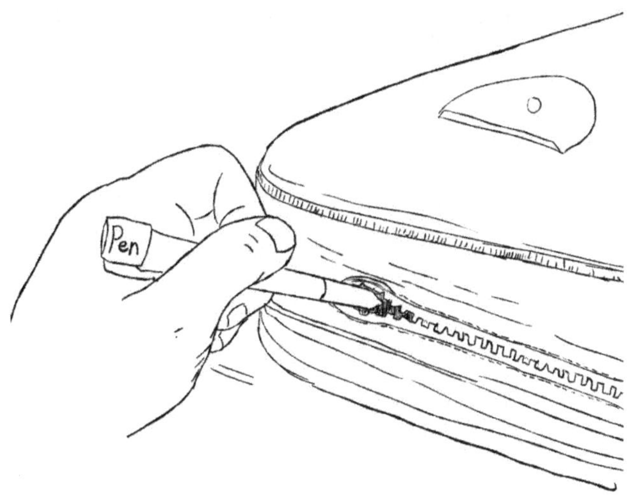

Gepäckschlösser

Sie können diese kleinen, billigen Schlösser mit einer Büroklammer umgehen.

Biegen Sie das eine Ende der Büroklammer zu einer kleinen Schlaufe. Führen Sie die Schlaufe in das Schloss ein und bewegen Sie sie herum, bis Sie die Klammer finden. Drehen Sie die Büroklammer, bis das Schloss aufspringt.

FESSELN LÖSEN

Bis Sie an einem sicheren Ort sind, werden Ihre Entführer Sie wahrscheinlich fesseln.

Hier sind einige Techniken, um sich aus gängigen Fesseln wie Klebeband, Kabelbindern, Seilen und Handschellen zu befreien. Welche Technik Sie anwenden, hängt von dem Material ab, mit dem Sie gefesselt sind.

POSITION EINNEHMEN UND ZAPPELN

Um sich in eine Position zu bringen, aus der Sie leichter entkommen können, halten Sie Ihre Hände vor sich und machen Sie sich größer, indem Sie:

- die Brust rausstrecken.
- Ihre Muskeln anspannen.
- Drücken Sie Ihre Unterarme nach unten, sodass die Fesseln um den größeren Teil Ihrer Arme liegen.
- Spreizen Sie die Hände und halten Sie die Daumen zusammen. Dadurch entsteht die Illusion geschlossener Handflächen, während an den Handgelenken eine Lücke bleibt.

Wenn Sie gefesselt sind, schrumpfen Sie sich auf Ihre normale Größe, um Lücken zu schaffen, aus denen Sie sich herauswinden können.

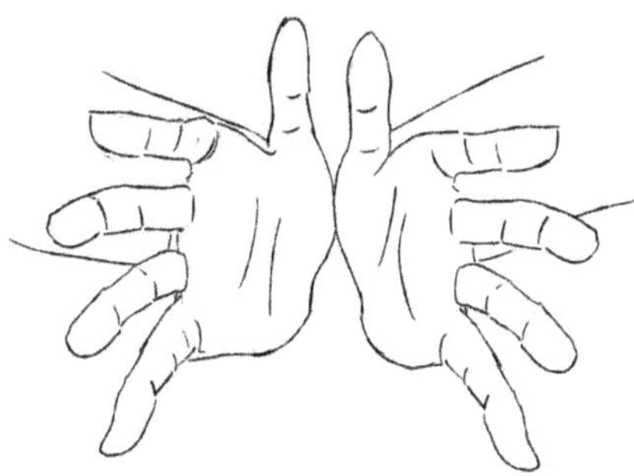

Wenn Sie auf einem Stuhl sitzen, atmen Sie tief ein und beugen Sie den unteren Rücken.

Strecken Sie die Arme so weit wie möglich aus, ohne dass es auffällt, und stellen Sie die Füße an die Außenseite der Stuhlbeine.

Wenn möglich, greifen Sie ein Stück des Seils mit Ihrer Faust.

Sobald Sie allein sind, bewegen Sie sich nicht mehr, bis Sie die Fesseln abgeschätzt und einen Fluchtplan erstellt haben. Sie wollen die Situation nicht noch verschlimmern oder auf frischer Tat ertappt werden, ohne einen Plan zu haben.

Wenn Ihre Hände auf dem Rücken gefesselt wurden, legen Sie sie an eine Seite Ihres Körpers und schauen Sie nach unten. Alternativ können Sie auch eine reflektierende Oberfläche wie ein Fenster oder einen Spiegel benutzen.

Um die Hände auf die Vorderseite zu bringen, lassen Sie sie in die Kniekehlen sinken und treten Sie nacheinander durch die Fesseln hindurch.

Um sich aus einem Seil zu befreien, strecken Sie die Arme vor sich aus und drücken Sie die Hände flach zusammen. Bewegen Sie die Arme hin und her, bis Sie sich aus dem Seil befreien können.

SICH FREI SCHNEIDEN

Viele Arten von Fesseln sind leicht zu überwinden, wenn Sie etwas haben, mit dem Sie sie durchschneiden können, z. B. eine Rasierklinge, Glas oder eine Aluminiumdose. Achten Sie darauf, dass Sie sich nicht selbst schneiden, vor allem nicht in eine Arterie.

Wenn Sie nichts Scharfes zur Hand haben, suchen Sie einen 90-Grad-Winkel. Eine raue Oberfläche, z. B. die Ecke einer Wand, ein Stuhl oder ein Möbelstück, eignet sich am besten. Legen Sie die Fesseln direkt auf die Kante und machen Sie eine sägende Bewegung, bis das Material durchgeschnitten ist.

Wenn Sie Paracord haben, knüpfen Sie an jedem Ende eine Fußschlaufe. Führen Sie den Paracord zwischen dem Fesselungsmaterial und Ihrem Körper ein. Legen Sie Ihre Füße in die Schlaufen und legen Sie sich auf den Rücken. Machen Sie mit den Füßen eine radelnde Bewegung, um die Fesseln durchzusägen.

GEWALT

Schwung und Kraft können Klebeband zerreißen. Wenn es nötig ist, führen Sie diese Handlungen plötzlich aus:

Um Ihre Knöchel zu befreien, drehen Sie Ihre Füße zu einem V nach außen. Gehen Sie schnell in die Hocke und drücken Sie Ihr Gesäß in die Fersen.

Um die Handgelenke zu befreien, strecken Sie die Hände in Schulterhöhe nach vorn und führen Sie die Ellbogen über den Brustkorb hinaus nach hinten.

Eine alternative Methode, um die Handgelenke zu befreien, besteht darin, die Arme hoch über den Kopf zu heben und dann die Arme nach unten und zur Seite über die Hüfte hinaus zu führen.

Um diese Methode zur Befreiung von Kabelbindern anzuwenden, müssen Sie zunächst den Verschlussmechanismus so weit wie möglich an die Stelle bringen, an der sich Ihre Handflächen treffen.

Wenn Sie mit Klebeband an einen Stuhl gefesselt sind, lehnen Sie sich so weit wie möglich zurück.

Drücken Sie Ihren Kopf in Richtung der Knie, als ob Sie die Absturzposition in einem Flugzeug einnehmen würden.

Verwenden Sie bei Handschellen ein dickes Metallstück (wie einen Sicherheitsgurt), um die Riegel auseinander zu drücken und die Niete zu brechen. Rechnen Sie damit, sich dabei zu schneiden.

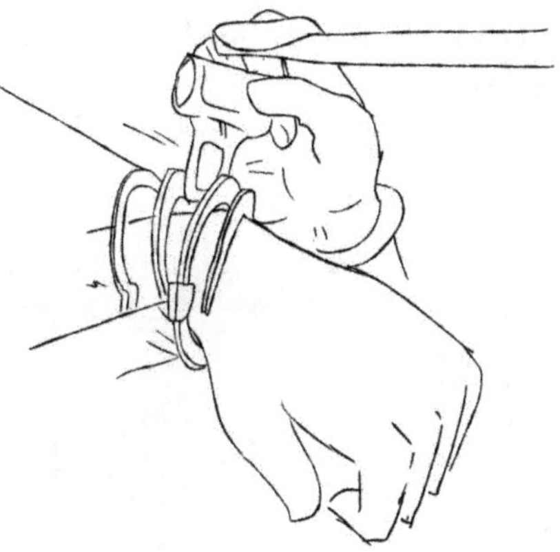

Verwandte Kapitel:

- Sich frei Schneiden

ENTRIEGELN

Verwenden Sie einen beliebigen dünnen Draht (z. B. eine Büroklammer), um den Verschlussmechanismus von Kabelbindern zu öffnen.

Klemmen Sie den Draht zwischen der Ratsche und den Zähnen des Kabelbinders ein und ziehen Sie dann Ihre Handgelenke auseinander.

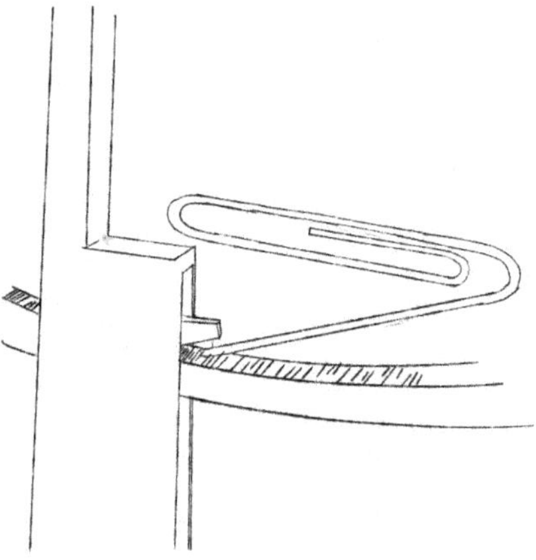

Sie können dasselbe Prinzip auch bei Handschellen anwenden, die nicht doppelt verriegelt sind, aber Ihr Entriegeler muss stabiler sein. Eine Haarklammer oder Haarspange funktioniert.

Schieben Sie den Entriegeler zwischen die Zähne und die Sperrklinke. Wenn Sie ihn so weit wie möglich hineingeschoben haben, ziehen Sie die Handschellen noch etwas fester an, damit die Unterlegscheibe tiefer sitzt.

Dadurch werden die Handschellen gelöst, sodass Sie Ihre Hand herausheben können.

Achten Sie darauf, dass der Entriegeler nicht zu dünn/schwach ist, sonst bleibt er stecken.

Wenn Sie zum Beispiel eine Aluminiumdose verwenden, falten Sie sie vorher.

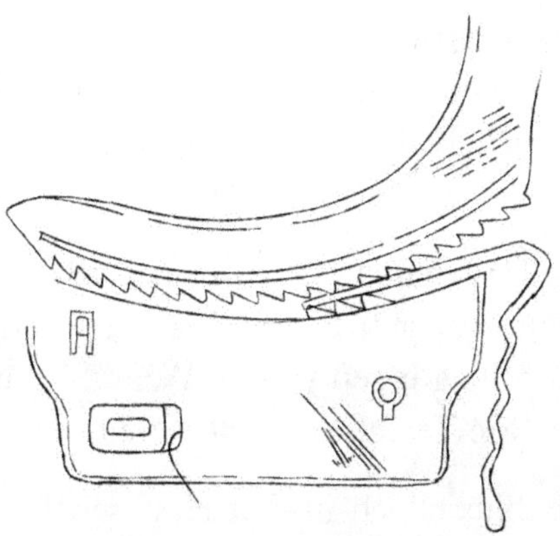

DIETRICH

Wenn Sie einen Dietrich nutzen können, ist es die sicherste Methode, sich aus Handschellen zu befreien, weil man sie dann nicht festziehen muss. Es funktioniert auch bei doppelt verriegelten Handschellen.

Benutzen Sie eine Haarnadel oder eine dicke Büroklammer, um den Dietrich zu machen. Biegen Sie sie komplett gerade und machen dann zwei 90-Grad-Biegungen hinein. Wenn Sie eine Haarklammer verwenden, biegen Sie sie auf der glatten Seite.

Sie können das Schlüsselloch in den Handschellen verwenden, um die Biegungen zu machen.

Halten Sie Ihre Hand so, dass die Zähne der Handschellen unten liegen. Führen Sie das gebogene Ende Dietrichs in den kleinen Schlitz des Schlüssellochs ein, bis er auf Metall trifft.

Ziehen Sie ihn in zwei getrennten Bewegungen zum Boden und nach rechts. Dieser Vorgang erfordert keine Gewaltanwendung.

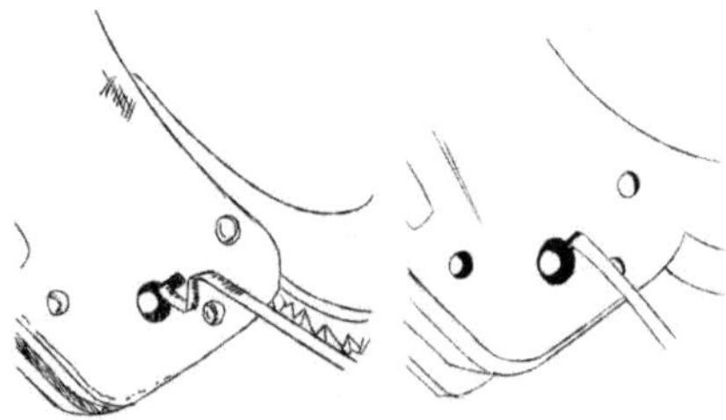

Bei doppelt verriegelten Handschellen lösen Sie zuerst die andere Seite auf dieselbe Weise.

LEBENDIG BEGRABEN WERDEN

Lebendig begraben zu werden ist ein grausamer Tod und ein Entkommen ist unwahrscheinlich, aber Sie können es trotzdem versuchen.

Wenn Sie in einem Sarg liegen, ist der Sauerstoffgehalt begrenzt, also müssen Sie so schnell wie möglich entkommen. Versuchen Sie, nicht in Panik zu geraten und Luft zu sparen, indem Sie tief einatmen und so lange wie möglich anhalten.

Benutzen Sie irgendeinen harten Gegenstand, den Sie bei sich haben, um SOS gegen den Deckel zu klopfen.

Die andere Möglichkeit ist, zu versuchen, auszubrechen. Fühlen Sie, wo die Holzbretter zusammengeleimt sind, und kratzen Sie den Sarg an dieser Stelle mit einem harten Gegenstand an, um ihn leichter aufbrechen zu können. Es soll ein kleiner Spalt entstehen, durch den etwas Schmutz fallen kann. Dadurch wird die darüber liegende Erde gelockert.

Ziehen Sie Ihr Oberteil aus und schließen die Unterseite mit einem Knoten. Stecken Sie Ihren Kopf durch das Halsloch, sodass er sich im Inneren des Kleidungsstücks befindet. Das schützt Sie vor dem Ersticken.

Drücken Sie mit den Beinen gegen den Sargdeckel, um ihn aufzubrechen.

Wenn die Erde hereinströmt, lenken Sie sie mit den Händen unter Ihre Füße. Versuchen Sie, den Sarg mit der Erde zu füllen. Sobald der Sarg voll ist, fangen Sie an, sich auszugraben, und versuchen Sie, in der Luftblase zu bleiben, bis Sie an der Oberfläche sind.

FLUCHT AUS RÄUMEN UND GEBÄUDEN

Um aus der Gefangenschaft auszubrechen, müssen Sie Türen, Tore und/oder Fenster überwinden.

Diese Informationen sind auch nützlich, um an Orte zu gelangen, an denen Sie sich verstecken müssen, während Sie auf der Flucht sind. Außerdem können Sie damit auch die Sicherheit in Ihrem Haus erhöhen.

Üben Sie die in diesem Abschnitt beschriebenen Techniken nur auf Ihrem eigenen Grundstück. Andernfalls kann es passieren, dass Sie von der Polizei festgenommen werden!

FESSELN EINER WACHE

Nachdem Sie einen Wächter ausgeschaltet haben, nehmen Sie, was Sie können, und fesseln Sie ihn, damit er Sie nicht jagen oder andere alarmieren kann, wenn er aufwacht. Diese Methoden eignen sich auch, um einen Eindringling zu fesseln, bis die Polizei eintrifft.

Armfesseln

Fesseln Sie die Handgelenke einer Person immer hinter dem Rücken. Legen Sie die Hände mit offenen Handflächen auf die Knöchel. Wenn Sie genügend Material haben, binden Sie auch die Ellbogen zusammen. Wenn diese gesichert sind, machen Sie das Gleiche nach Möglichkeit auch mit Knöcheln und Knien.

Um Paracord oder etwas Ähnliches zu verwenden, machen Sie einen Prusikknoten an Ihrem Finger. Im Kapitel Flucht aus der Höhe finden Sie weitere Informationen über Prusikknoten.

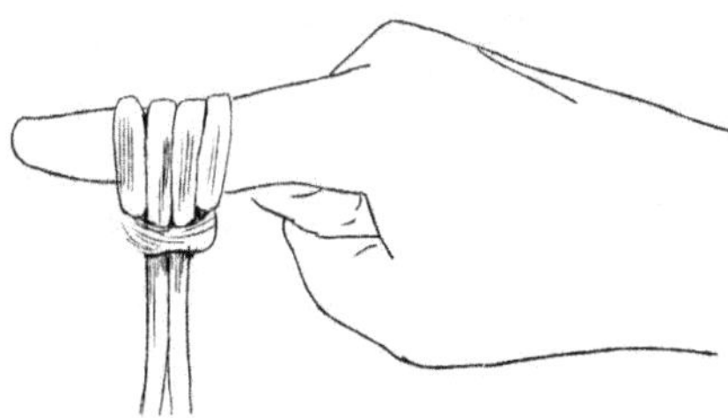

Führen Sie die laufenden Enden in den Prusikknoten ein und ziehen Sie sie fest, um Schlaufen zu bilden.

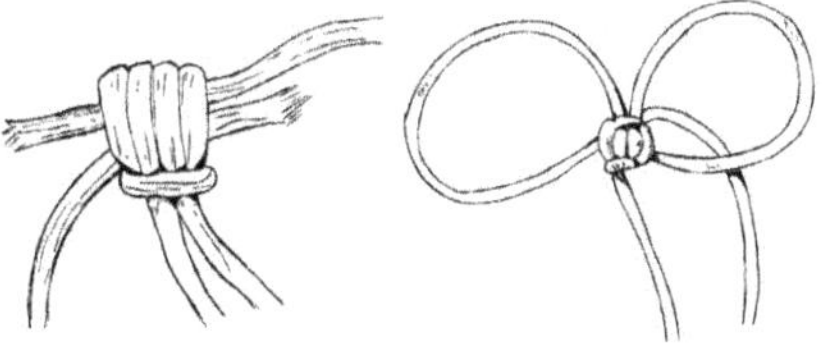

Führen Sie ein Handgelenk durch jede Schlaufe und ziehen Sie die Schlaufen fest.

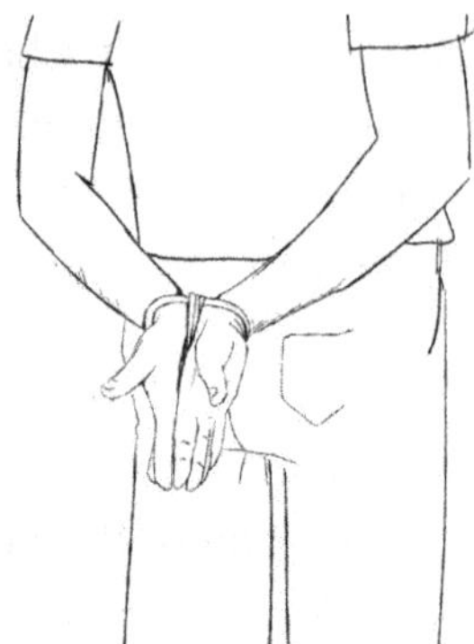

Um Kabelbinder zu verwenden, ketten Sie zwei von ihnen locker zusammen.

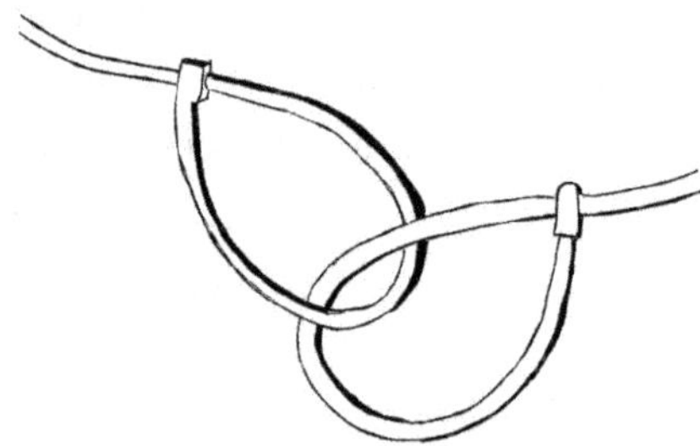

Ziehen Sie einen Kabelbinder um jedes Handgelenk fest.

Wenn Sie einen Gürtel oder etwas Ähnliches verwenden möchten, schließen Sie die Handgelenke der Person zusammen, wobei der Gürtel durch die Schnalle gezogen wird.

Ziehen Sie den Gürtel fest und wickeln Sie dann den Rest des Gürtels zwischen den Handgelenken hindurch.

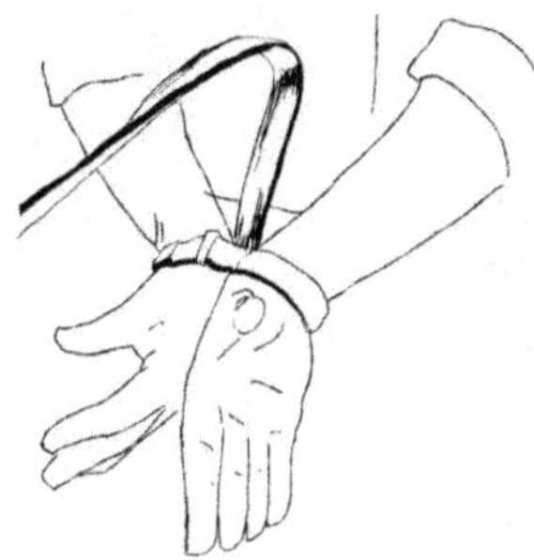

Verwenden Sie Klebeband und Seil auf die gleiche Weise. Sichern Sie die Handgelenke zusammen und verzurren Sie sie dann.

An Einen Stuhl Fesseln

Ein Stuhl mit offener Rückenlehne ist vorzuziehen.

Setzen Sie den Gefangenen auf den Stuhl. Stecken Sie einen seiner Arme durch die Rückenlehne (wenn möglich) und den anderen um den Stuhl. Wenn es keine Lücke gibt, durch die er seinen Arm führen kann, muss er beide Arme um die Lehne winden. Binden Sie seine Handgelenke zusammen und binden Sie dann seine Oberarme an den Stuhl, einen auf jeder Seite. Machen Sie dasselbe mit den Füßen, sodass nur die Zehen auf dem Boden stehen.

Knebeln

Um den Gefangenen ruhig zu halten, stopfen Sie ihm ein Stück Stoff in den Mund. Verwenden Sie mindestens zwei Streifen Klebeband über dem Mund. Decken Sie die Nasenlöcher nicht ab.

Gefangene bei Bewusstsein

Wenn der Häftling nicht bewusstlos ist, Sie aber eine Waffe auf ihn gerichtet haben, halten Sie Abstand, damit er nicht nach Ihnen (oder Ihrer Waffe) greifen kann, und geben Sie ihm klare Anweisungen. Bleiben Sie ruhig und seien Sie bereit, Ihre Waffe zu benutzen. Geben Sie ihm die folgenden Befehle:

- „Hände hoch."
- „Umdrehen."
- „Auf den Bauch legen."
- „Schau weg von mir."
- „Hände hinter den Rücken."
- „Füße überkreuzen."

Oder:

- Hände hoch."
- „Gesicht zur Wand."
- „Auf den Knien."
- „Brust und Gesicht an die Wand."
- „Blick weg von mir."
- „Hände hinter den Rücken."
- „Füße überkreuzen."

Schlagen Sie ihn aus dieser Position heraus mit Ihrer Waffe nieder, indem Sie ihm so fest wie möglich auf die Schädelbasis schlagen.

Sie können ihn nur dann bei Bewusstsein halten, wenn Sie eine zweite Person dabei haben. In diesem Fall halten Sie Ihre Waffe auf ihn gerichtet, während Ihr Partner die Fesseln anlegt. Wenn Sie derjenige sind, der die Fesseln anlegt, halten Sie seinen Kopf mit Ihrem Knie fest, während Sie die Fesseln anlegen.

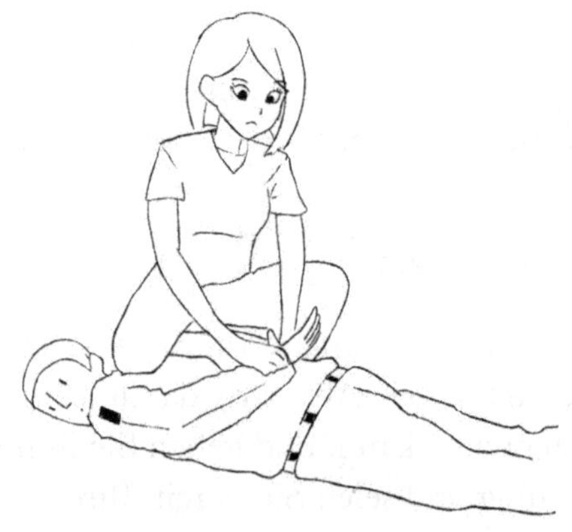

Nutzen Sie einen Festhaltegriff, wenn Sie ihn bewegen müssen.

An einen Baum/Pfeiler fesseln

Für diese Methode benötigen Sie kein Material, um ihn zu fesseln, aber er muss bei Bewusstsein sein.

Sagen Sie dem Gefangenen, dass er auf den Baum oder den Pfahl klettern soll.

Bitten Sie Ihren Partner, das rechte Bein des Gefangenen um die Vorderseite des Baumes zu legen, sodass sein Fuß auf der linken Seite des Baumes landet. Legen Sie das linke Bein über den rechten Knöchel und stellen Sie dann den linken Fuß wieder hinter den Baum auf die gleiche Seite wie den Körper. Zwingen Sie ihn nach unten, sodass sein Körpergewicht ihn in seiner Position festhält. In dieser Position wird er sich innerhalb von 15 Minuten verkrampfen.

Um ihn zu befreien, brauchen Sie drei Personen: eine zur Bewachung und die anderen beiden zur Befreiung. Heben Sie ihn mit je einer Person auf jeder Seite an den Beinen hoch und lösen Sie sie.

Verwandte Kapitel:

- Flucht aus Grosser Höhe

SUCHE NACH DEM EINFACHSTEN WEG

Suchen Sie nach dem einfachsten Weg nach draußen, bevor Sie einen einzelnen Fluchtpunkt durchbrechen. Möglicherweise gibt es in der Nähe ein offenes Fenster, einen Kriechschacht oder eine andere unverschlossene Stelle.

Prüfen Sie auch auf andere Schwachstellen. So kann beispielsweise ein Tor mit einem Vorhängeschloss versehen sein, aber der Pfosten ist möglicherweise nicht gesichert, oder es gibt einen Schlüsselkasten, der leichter zugänglich ist als die Tür.

Suchen Sie nach dem Schlüssel in Schreibtischen, am Türrahmen, unter der Türmatte oder versteckt in/unter Gegenständen in der Nähe der Tür (Blumentöpfe, Steine usw.).

Eine weitere Möglichkeit ist sogenanntes Social Engineering. Sie können Menschen durch Türen folgen, durch Dienstaufzüge gehen usw. Der Trick dabei ist, so auszusehen, wie es sich gehört. Verhalten Sie sich so, als ob Sie dort sein müssten, und die Wahrscheinlichkeit, dass Sie erwischt werden, ist geringer. Ein gefälschter Ausweis ist hilfreich, da die Menschen darauf konditioniert sind, eine Person mit einem Ausweis für einen Mitarbeiter zu halten, der eigentlich dort sein sollte.

Wenn eine heimliche Flucht nicht möglich ist, warten Sie, bis Ihr Entführer die Tür öffnet, und schalten Sie ihn aus. Verstecken Sie sich hinter der Tür oder machen Sie einen schwachen Eindruck, und wenn er sich nähert, greifen Sie an.

Verwandte Kapitel:

- Aufzüge

TÜREN UND FENSTER

Türen und Fenster sind offensichtliche Ausgangspunkte und werden wahrscheinlich verschlossen und/oder bewacht sein.

Betreten einer Tür

Bevor Sie eine Tür öffnen, achten Sie auf Geräusche. Bewegen Sie die Tür sehr langsam und bleiben Sie niemals davor stehen.

Wenn die Tür geschlossen ist, nähern Sie sich ihr von der Seite des Riegels. Drücken Sie sich mit dem Rücken an die Wand und öffnen Sie die Tür langsam ein kleines Stück. Achten Sie darauf, dass Licht oder Schatten Sie nicht verraten, und spähen Sie durch den Spalt. Wenn Sie keine Gefahr erkennen, öffnen Sie die Tür langsam, bis Sie sicher sind, dass Sie den Raum betreten können. Schließen Sie die Tür vorsichtig hinter sich.

Wenn eine Tür bereits leicht geöffnet ist, nähern Sie sich ihr von der Scharnierseite und spähen Sie durch den Spalt.

Schiebetüren/-fenster

Schiebetüren und -fenster haben oft einfach konstruierte Schlösser, die leicht zu überwinden sind.

Eine Methode besteht darin, gegen die Tür oder das Fenster zu drücken. Üben Sie Druck aus, während Sie die Tür oder das Fenster einige Male anheben und fallen lassen. Dies kann dazu führen, dass das Schloss versagt und Sie es aufschieben können.

Wenn Sie ein dünnes Stück Draht haben, schieben Sie es zwischen den Rahmen und den Riegel, um den Riegel auszuhaken.

Eine gewaltsamere Methode besteht darin, einen Hebel, z. B. einen Schraubenzieher oder ein Brecheisen, zwischen Rahmen und Schloss zu schieben und es aufzubrechen.

Einige Glasschiebetüren oder -fenster lassen sich aus ihren Schienen hebeln, indem Sie sie nach oben und nach außen aufhebeln. Fangen Sie sie auf, bevor sie herunterfallen.

Entfernen Sie eventuelle Stopper (Dübel im Rahmen), indem Sie mit Ihrem Stemmwerkzeug einen Spalt schaffen und einen langen Draht, z. B. einen Kleiderbügel, verwenden, um sie herauszumanövrieren.

Eine schnelle, aber laute Lösung ist es, das Glas zu zerschlagen. Decken Sie die Einschlagstelle mit einem zusammengefalteten Handtuch oder etwas Ähnlichem ab, um das Geräusch zu dämpfen. Benutzen Sie nicht Ihren Körper, um das Glas zu zerschlagen.

Durchbrechen von Türen

Eine Tür ist nur so stark wie ihr schwächster Punkt. Mehrere gut platzierte Tritte an die Stelle, an der das Schloss angebracht ist, reichen oft aus, um die Tür aufzubrechen.

Wenn Sie eine Angelzange haben, drehen Sie damit das Schloss, bis die Haltebolzen brechen. Verwenden Sie ein Messer oder etwas Ähnliches, um den Bolzen zu drehen.

Sie können eine Tür mit einem Brecheisen aufbrechen, indem Sie es zwischen das Schloss und die Tür stecken und hin- und herbewegen. Wenn sich die Scharnierstifte auf Ihrer Seite der Tür befinden, schlagen Sie sie mit einem Hammer und einem Nagel heraus.

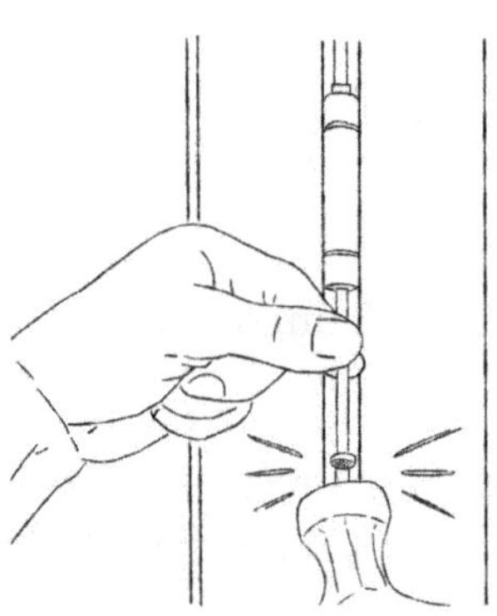

Viele Innentüren haben ein kleines Loch oder Schlüsselloch am Türknauf, das als Notentriegelung dient. Führen Sie eine Sonde, z. B. eine Büroklammer, ein und drücken oder drehen Sie sie, um das Schloss zu entriegeln.

Schloss Knacken mit einem Kleiderbügel

Sie können einen Drahtkleiderbügel auf bestimmte Weise biegen und ihn dann durch Lücken führen, um Schlösser zu knacken. Zum Beispiel:

- Drücken Sie den Riegel einer Notausgangstür nach unten.
- Heben Sie den Holzdübel in einem Schiebefenster/einer Schiebetür an.
- Einfache Druckhebelschlösser, z. B. in Autotüren, nach unten drücken.
- Ziehen Sie die Griffe an den Innenseiten von selbstverriegelnden Türen, wie z. B. in Hotels, nach unten.

Hier sehen Sie ein Beispiel für einen selbstgebauten Aufbrechhammer.

VORHÄNGESCHLÖSSER

Die meisten Vorhängeschlösser lassen sich mit einem Hammer, einem großen Stein oder einem Ziegelstein aufbrechen, indem man die Stelle, an der der Bügel auf den Körper trifft, auf der Seite des Schließmechanismus einschlägt. Wenn Sie den Schließmechanismus nicht ausmachen können, machen Sie es auf beiden Seiten.

Sie können auch Vorhängeschlösser entriegeln, insbesondere minderwertige Exemplare.

Um einen improvisierten Entriegeler für ein Vorhängeschloss aus einer Aluminiumdose herzustellen, schneiden Sie zwei Rechtecke mit einem halbkreisförmigen Knauf aus. Die genaue Größe, die Sie benötigen, hängt von der Größe des Vorhängeschlosses ab. Mit etwas Übung können Sie es durch bloßes Betrachten des Schlosses erraten.

Falten Sie die Basis nach oben, um die Festigkeit zu erhöhen.

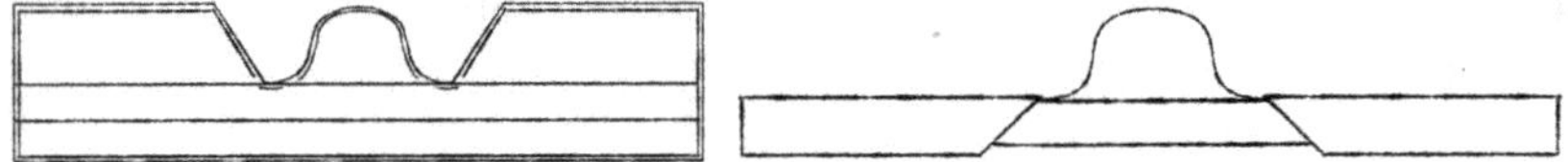

Schieben Sie den Halbkreis zwischen die Stange (den Bügel) und die Basis des Vorhängeschlosses.

Sobald beide Unterlegscheiben eingesetzt sind, drehen Sie sie so, dass die Griffe nach außen zeigen.

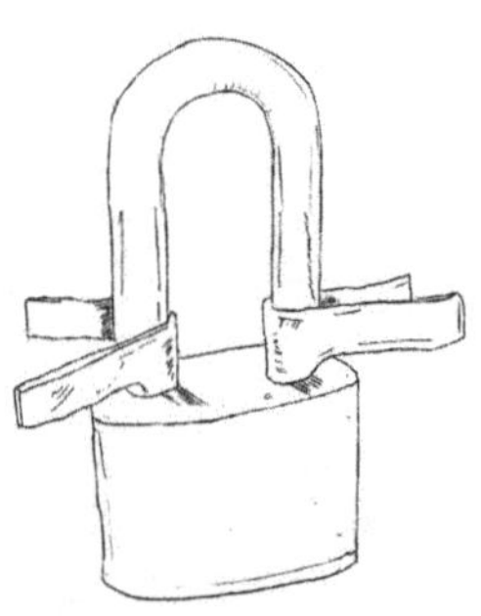

Ziehen Sie am Bügel nach oben, um das Vorhängeschloss zu öffnen.

Dies funktioniert auch bei Zahlenschlössern mit Wählscheibe.

Einige Vorhängeschlösser sind extra dagegen gewappnet, aber kein Schloss ist undurchdringlich. Wenn es ein bestimmtes Schloss gibt, das Sie knacken wollen, suchen Sie es auf YouTube, vielleicht gibt es eine Anleitung.

Leider haben Sie im Falle einer Entführung keinen Zugang zum Internet und zu den benötigten Werkzeugen.

Kombinationsschlösser Knacken

Diese Methode gilt für Kombinationsschlösser ohne falsche Tür, die im Allgemeinen billiger sind.

1. Üben Sie konstanten Druck auf den Bügel aus, der vom Schlosskörper entfernt ist.
2. Testen Sie jede Zahl, um zu sehen, welche den größten Widerstand bietet.
3. Sobald Sie die Nummer mit dem größten Widerstand gefunden haben, drehen Sie sie, bis Sie ein Klicken hören und fühlen Sie, wie sich der Körper ein wenig nach unten bewegt. Wenn es klickt, sich aber nicht bewegt, ist es nicht richtig.
4. Wiederholen Sie die Schritte 2 und 3 für jede Nummer.
5. Lassen Sie bei der letzten Zahl den Druck auf den Bügel los und probieren Sie es aus. Gehen Sie jede Nummer einzeln durch, bis sie sich öffnet.

Sie können diese Technik auch für Fahrrad-Kombinationsschlösser im Kettenformat anwenden.

Ein Bügelschloss einfrieren

Fahrradschlösser mit Bügelverschluss sind bekanntermaßen sehr widerstandsfähig, und im Gegensatz zu den meisten Vorhängeschlössern lassen sie sich mit einem Hammer wahrscheinlich nicht öffnen.

Um die Struktur des Schlosses (oder jedes anderen Metalls) zu schwächen, verwenden Sie eine Kompressionsluftflasche zum Tastaturreinigen, um es einzufrieren. Halten Sie die Dose auf den Kopf und sprühen Sie dort, wo die Stange auf das Schloss trifft, bis es gefroren ist. Möglicherweise brauchen Sie dafür mehrere Dosen.

Schlagen Sie mit dem Hammer darauf, bis es abbricht.

SCHLÖSSER AUFZIEHEN

Wenn ein aufliegendes Schloss (auch Yale-Schloss, Nachtsperrschloss usw. genannt) nicht durch den Schalter an der Unterseite verriegelt wurde und sich nach innen öffnet (wie bei den meisten Außentüren), können Sie es möglicherweise aufbrechen.

So sieht diese Art von Schloss aus. Es ist gekennzeichnet durch das vordere runde Schloss (eingekreist).

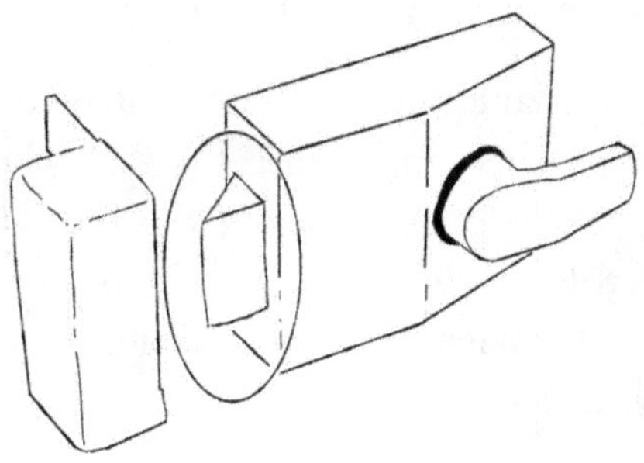

In alten Filmen sieht man oft Leute, die Schlösser mit ihrer Kreditkarte aufbrechen. Tun Sie das nicht. Ihre Kreditkarte wird wahrscheinlich kaputtgehen. Verwenden Sie stattdessen ein dünnes Stück Plastik, das etwas größer ist als die Hand eines durchschnittlichen Erwachsenen. In ein Rechteck geschnittene Limonaden- oder Milchflaschen aus Plastik eignen sich gut.

Schieben Sie die Plastikfolie zwischen den Rahmen und die Tür, direkt über oder unter das Schloss. Bewegen Sie das Plastik in Richtung des Schlosses, bis es auf den Riegel trifft. Drücken Sie das Plastik weiter gegen den Riegel, während Sie die Tür vorsichtig zu sich ziehen.

Wenn der Riegel durch das Plastik eingedrückt ist, hören Sie möglicherweise ein Knack- oder Klickgeräusch.

Sie können ein Schloss auch mit einer großen Büroklammer und einem Schnürsenkel aufziehen. Richten Sie die Büroklammer gerade aus und wickeln Sie den Schnürsenkel um sie, sodass etwa

4/5 des Schnürsenkels um die Büroklammer gewickelt sind. Biege die Büroklammer in eine grobe U-Form.

Führen Sie die Büroklammer hinter den Riegel und wieder heraus, sodass der Schnürsenkel um den Riegel gewickelt ist, Sie aber beide Enden haben. Ziehen Sie gleichzeitig am Schnürchen und an der Tür, um das Schloss zu öffnen. Doppeltüren (z. B. Fenstertüren) sind besonders leicht zu knacken.

Wenn kein Platz zum Aufschieben des Schlosses vorhanden ist, können Sie einen Schraubenzieher oder etwas Ähnliches verwenden, um einen Spalt zwischen Schloss und Tür zu schaffen.

Man kann ein Schloss auch mit der Zeit „aufziehen" lassen, obwohl es sich technisch gesehen nicht um ein Aufziehen des Schlosses handelt. Stopfen Sie jedes Mal, wenn Sie die Tür passieren, ein Stück getrockneter Farbe (oder was auch immer) in das Schließblech. Irgendwann blockieren sie den Riegel so sehr, dass er nicht mehr verriegelt wird.

Moderne Aufsatzschlösser sind zwar „rutschfest", aber sie werden oft falsch eingebaut. Verwenden Sie in Ihrem eigenen Haus stattdessen einen Riegel.

SCHLÖSSER KNACKEN

Diese Tipps zum sogenannten Lockpicking gelten für die meisten Arten von Sicherheitsschlössern, die Sie auch in den meisten Schlüsselschlössern finden werden.

Es ist gut zu wissen, wie ein Stiftzuhaltungsschloss funktioniert. Hier ist eine grundlegende Beschreibung:

Ein Stiftzuhaltungsschloss besteht aus zwei Reihen von Stiften, die von Federn gehalten werden. Außerdem gibt es eine Scherenlinie.

Wenn der richtige Schlüssel in das Schloss gesteckt wird, drückt er die oberen Stifte nach oben, um die Scherlinie zu überwinden. Ein unterer Stift bricht vom oberen ab, wodurch der Stift „gesetzt" wird. Sobald alle Stifte eingestellt sind, können Sie das Schloss drehen.

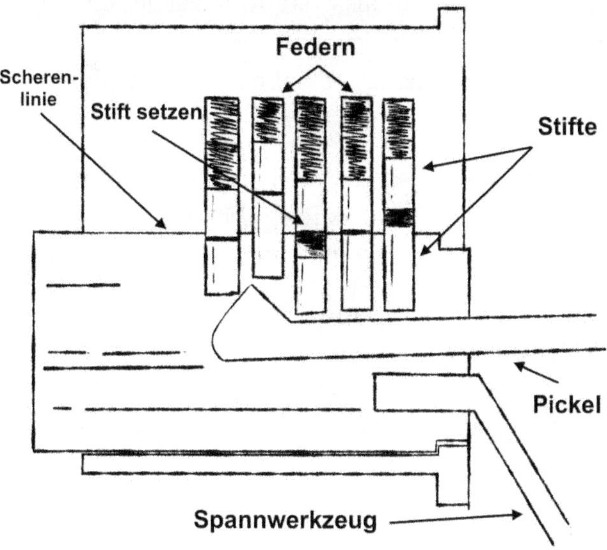

Um ein Schloss zu knacken, müssen Sie eine leichte Spannung auf die Drehung ausüben (mit einem Spannwerkzeug) und dann jeden der Stifte an seinen richtigen Platz bewegen. Die Spannung hält die Stifte in ihrer Position, während Sie sie bewegen.

Waffelschlösser (zu finden in Schranktüren, Aktenschränken, alten Vorhängeschlössern und anderen Orten) funktionieren anders, werden aber auf dieselbe Weise geknackt. Sie sind im Allgemeinen leichter zu öffnen als Schlösser mit Stift und Zuhaltung.

Herstellung von Lockpicking-Werkzeugen aus Büroklammern

Wenn Sie mit dem Lernen beginnen, möchten Sie vielleicht richtige Dietriche kaufen, aber wenn Sie gefangen genommen werden, werden Sie diese wahrscheinlich nicht bei sich haben. An vielen Orten ist es illegal, Dietriche mit sich zu führen, und selbst wenn du welche hast, werden sie dir von deinen Entführern wahrscheinlich abgenommen.

Büroklammern sind leichter zu verstecken und werden von den Sicherheitskräften nicht konfisziert.

Bobby Pins eignen sich gut als Spannwerkzeuge, sind aber etwas zu dick für Dietriche. Es ist jedoch möglich, sie zu verwenden. Wenn Sie also nur eine Haarklammer haben, können Sie es auch damit versuchen.

Fertigen Sie die folgenden Formen aus Büroklammern an. Eine Zange erleichtert die Konstruktion, aber in einem Fluchtszenario sollten Sie es ohne Werkzeug schaffen.

Vermeiden Sie es, die Büroklammern an der gleichen Stelle hin und her zu biegen, da sie sonst brechen.

Werkzeug zum Spannen

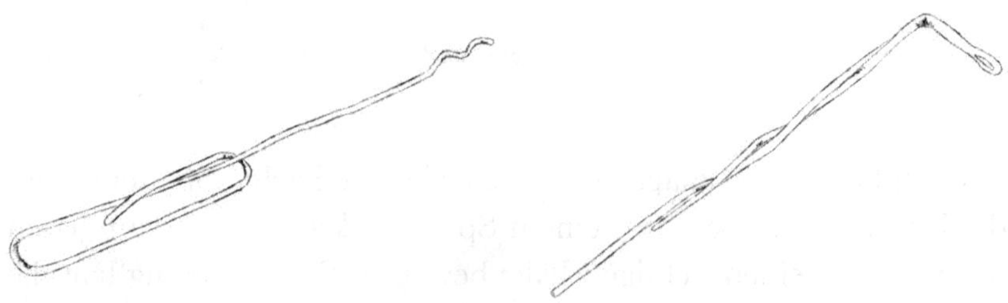

Glätten Sie die Enden, indem Sie sie auf dem Boden oder an der Wand abschleifen. So haben Sie mehr Spielraum und können sicherstellen, dass beide Werkzeuge gleichzeitig in das Schloss passen.

Aufbrechen des Schlosses

Das Aufbrechen ist der schnellste Weg, ein Schloss zu knacken, wenn es funktioniert.

Führen Sie das Spannwerkzeug an der Stelle in das Schlüsselloch ein, die am weitesten von den Stiften entfernt ist (normalerweise unten), und üben Sie einen leichten Drehdruck in dieselbe Richtung aus, in die sich das Schloss dreht.

Nach einiger Übung werden Sie spüren, in welche Richtung sich das Schloss öffnet, wenn Sie es mit dem Spannwerkzeug drehen. Sie werden etwas weniger Druck spüren, wenn Sie es in die richtige Richtung drehen.

Den meisten Menschen fällt es leichter, das Spannwerkzeug mit der nicht-dominanten Hand zu bedienen.

Der größte Fehler, den Anfänger beim Knacken von Schlössern machen, besteht darin, zu viel Druck auf das Spannwerkzeug auszuüben. Sie brauchen nur eine geringe Spannung. Außerdem ist es wichtig, den Druck auf das Spannwerkzeug gleichmäßig zu halten, während Sie das Schloss knacken. Üben Sie keinen zusätzlichen Druck aus, bis alle Stifte eingesetzt sind und Sie das Schloss öffnen.

Sobald Sie das Spannwerkzeug angesetzt haben, führen Sie die C-Brake in das Schloss ein.

Heben Sie sie an und ziehen Sie sie in einer fließenden Bewegung heraus. Bewegen Sie die Harke mit dieser Bewegung in das Schloss hinein und wieder heraus, bis die Stifte in die richtige Position „geprallt“ sind und sich das Schloss öffnet. Die Harke ist immer im

Schloss. Ziehen Sie ihn nicht vollständig heraus. Manche Leute tun dies mit einer schnellen Hin- und Herbewegung, andere ziehen es vor, es langsamer zu tun. Das hängt von Ihnen und dem Schloss ab. Wie auch immer, heben Sie beim Herausfahren immer nach oben und nach außen und machen Sie es schnell genug, damit die Bewegung gleichmäßig ist.

Wenn sich das Schloss auch nach mehreren Versuchen nicht öffnet, liegt das wahrscheinlich an einer zu hohen oder zu niedrigen Spannung des Spannwerkzeugs.

Wenn Sie einige Videos sehen möchten, suchen Sie auf YouTube nach „Schloss aufbrechen mit Büroklammern".

Das Schloss Knacken

Wenn das Aufbrechen nicht funktioniert, können Sie versuchen, das Schloss zu knacken. Um ein Schloss zu knacken, müssen Sie jeden Bolzen mit einem Fühler anheben, anstatt die Harke zu benutzen. Rechnen Sie mit mindestens fünf Stiften.

Dies ist die Form, die Sie für die Büroklammer benötigen. Das Spannwerkzeug ist dasselbe wie zuvor.

Setzen Sie das Spannwerkzeug in das Schloss ein, so wie Sie es beim Aufbrechen tun.

Führen Sie Ihren Fühler so ein, dass die erhöhte Erhebung zu den Stiften zeigt, was normalerweise vom Spannwerkzeug weg ist.

Beginnen Sie an der Vorder- oder Rückseite des Schlosses und heben Sie nacheinander alle Stifte mit der Spitze an, bis Sie den steifsten Stift ausmachen.

Heben Sie diesen Stift an, bis Sie spüren, dass er einrastet. Dabei kann ein leichtes Klicken zu hören sein. Das ist schwer zu erklären, aber mit etwas Übung werden Sie es merken.

Wiederholen Sie diesen Vorgang für den nächst steiferen Stift, dann für den nächsten und so weiter für alle Stifte.

Wenn alle Stifte an ihrem Platz sind, spüren Sie, wie das Spannwerkzeug ein wenig nachgibt, und Sie hören vielleicht ein Klicken.

Üben Sie mehr Druck auf das Spannwerkzeug aus, um das Schloss zu öffnen.

Wenn Sie einen Bolzen zu weit nach oben drücken und er stecken bleibt, haben Sie ihn zu stark eingestellt. Versuchen Sie, die Spannung etwas zu verringern oder den Stift zu bewegen.

Wenn das nicht funktioniert, müssen Sie noch einmal von vorne anfangen.

Wenn die Stifte immer wieder abfallen, müssen Sie etwas mehr Druck auf das Spannwerkzeug ausüben.

Brechen und Knacken in Kombination

Sie können Aufbrechen und Knacken zusammen verwenden. Harken Sie das Schloss, um die Stifte zu setzen, die es hat, und verwenden Sie dann den Fühlhebel, um den Rest zu erledigen.

Oft ist es der hintere Stift, der die zusätzliche Aufmerksamkeit benötigt.

Blindstifte

Sicherere Schlösser können mit Blindstiften versehen sein, um zu verhindern, dass man sie knackt. Der häufigste ist ein Spulenstift.

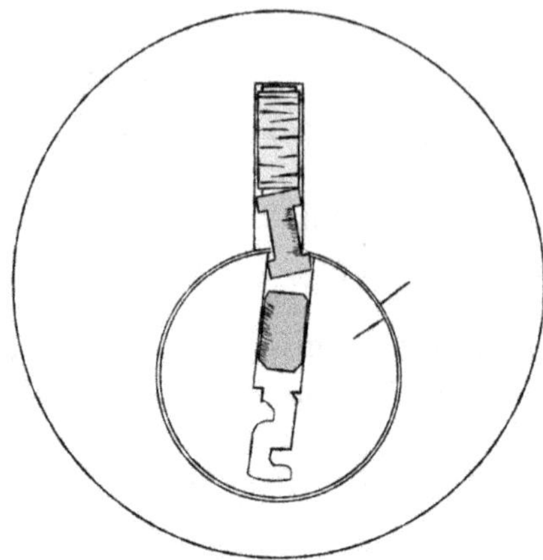

Diese Konstruktion kann den Eindruck erwecken, Sie hätten einen Stift überdreht.

Sie können einen Spool Pin daran erkennen, dass er bei der Drehung mehr nachgibt als die normalen Stifte.

Wenn Sie glauben, dass Sie an einem Spool Pin feststecken, können Sie dies überprüfen, indem Sie mit Ihrem Pickel etwas mehr Kraft nach oben ausüben. Wenn Sie dies bei einem Spulenstift tun, entsteht ein Rückwärtsdruck auf Ihr Spannwerkzeug, da die untere Kante des Stiftes zurückgedrückt wird.

Wenn Sie einen Spulenstift identifiziert haben, umgehen Sie ihn, indem Sie ein wenig Druck von Ihrem Spannwerkzeug nehmen und vorsichtig auf den Stift drücken.

Wenn Sie dabei einen Rückstoß auf die Drehung spüren, haben Sie alles richtig gemacht. Drücken Sie weiter, bis sich die Spule normal einstellt.

Wenn Sie den Spulenstift einstellen, können andere Stifte durch das Nachlassen des Drucks auf Ihr Spannwerkzeug herunterfallen. Setzen Sie sie einfach wieder ein, jetzt, wo der Spulenstift an seinem Platz ist.

Übung

Das Knacken von Schlössern ist theoretisch einfach, aber es erfordert viel Übung, um gut darin zu werden.

Üben Sie nicht immer an denselben Schlössern. Das ist nicht nur unrealistisch, sondern kann auch Ihr Schloss beschädigen.

Anfertigung von Zweitschlüsseln

Wenn Sie vorübergehend Zugang zu dem Schlüssel haben, den Sie brauchen, können Sie einen Zweitschlüssel anfertigen.

Das wird Ihnen wahrscheinlich nicht helfen, wenn Sie gefangen genommen werden, aber man weiß nie, wann es sich als nützlich erweisen könnte.

Zuerst müssen Sie einen Abdruck des Schlüssels machen. Das können Sie tun, indem Sie:

- Ein Foto davon machen.
- Den Schlüssel gegen die Haut drücken und den Abdruck nachzeichnen.
- Den Schlüssel in etwas Weiches drücken, das einen Abdruck hält, z. B. Spielknete, Wachs, ein Stück Seife oder Styropor.
- Abzeichnen, indem man den Schlüssel unter Papier legt und darauf kritzelt. Diese Methode ist der letzte Ausweg, da sie nicht sehr zuverlässig ist.

Sobald Sie den Abdruck haben, fotokopieren Sie ihn im Verhältnis 1:1. Die Fotokopie muss genau die gleiche Größe wie der Schlüssel haben, also berücksichtigen Sie dies beim Fotografieren.

Schneiden Sie einen Umriss des Schlüssels aus der Papierkopie aus und zeichnen Sie ihn auf eine aufgeschnittene und flachgedrückte Aluminiumdose.

Schneiden Sie die Form aus dem Aluminium aus. Verwenden Sie diesen Schlüssel, um die Stifte einzuschieben, und ein Spannwerkzeug, um das Schloss zu drehen.

Verwandte Kapitel:

- Vorhängeschlösser

SENSORSCHLÖSSER

Schlösser mit Sensoren sind weit verbreitet, und ihre Umgehung ist schwieriger als die Umgehung normaler Schlüsselschlösser, aber nicht unmöglich, wenn man die richtigen Werkzeuge hat.

Türen mit Bewegungssensor

Hier geht es um Türen, die durch einen Bewegungssensor entriegelt werden, z. B. solche, die sich von innen, aber nicht von außen öffnen, oder solche, bei denen man einen Ausweis braucht, um hineinzukommen, aber nicht hinaus.

Viele dieser selbstverriegelnden Türen mit Bewegungssensoren verwenden passive Infrarotsensoren (PIR). Diese können mit Druckluftdosen, wie z. B. Tastaturreinigern, überlistet werden. Halten Sie die Dose auf den Kopf und sprühen Sie sie auf den Sensor, und die Tür öffnet sich. Auch andere Dinge wie Rauch oder ein Sprühstoß Wasser können funktionieren.

Manche Türen benötigen eine Temperaturschwankung, um ausgelöst zu werden, weshalb die Druckluft zuverlässiger ist.

Wenn die Tür elektromagnetisch ist, funktioniert dies nicht.

Klonen von RFID-Ausweisen

Sie können die meisten RFID-Ausweise oder FOBs mit einem RFID-Klongerät klonen. Kaufen Sie einen solchen Kloner (z. B. von Proxmark) online. Verstecken Sie ihn in einer Kaffeetasse, einer Sandwichtüte usw., damit Sie sich Ihrem Ziel nähern können, ohne Verdacht zu erregen.

Magnetische Schlösser

Kleben Sie ein Stück schwarzes Klebeband oder eine Büroklammer über die Verbindungsstelle der Magnete. Dadurch wird verhindert, dass sich beim Schließen ein magnetisches Siegel bildet.

Bewegungssensoren

Bewegungssensoren sind technisch gesehen keine Schlösser, aber sie können Ihnen während eines Fluchtversuchs begegnen.

Eine Möglichkeit besteht darin, einen Sensor mehrmals absichtlich auszulösen, damit der Besitzer ihn ausschaltet.

Moderne Bewegungssensoren sind schwer zu überlisten. Sie müssen sie zunächst studieren. Bestimmen Sie den Bereich, den ein Sensor überwacht, und suchen Sie einen Weg um ihn herum. Bewegen Sie sich langsam und leise entlang der Wände, an denen die Sensoren angebracht sind. Achten Sie auf andere Sensoren, die sich an der Wand befinden. Nutzen Sie Möbel als Deckung, um Ihre Bewegung zu blockieren. Der Sensor kann auf Haustiere kalibriert sein, daher ist es ratsam, sich niedrig zu bewegen.

FLUCHT AUS GROSSER HÖHE

Wenn Sie ein Gebäude aus einem hohen Stockwerk verlassen müssen, nehmen Sie am besten die Feuertreppe. Halten Sie sich dicht an der Wand und von dem Geländer fern, vor allem, wenn das gesamte Gebäude evakuiert wird.

Abseilen

Wenn Sie in einem Raum eingeschlossen sind, können Sie sich abseilen.

Ein Bettlaken in Kingsize-Größe reicht für die meisten Erwachsenen als Gurt aus. Andere Materialien sind ebenfalls geeignet, sofern sie stabil genug sind.

Falten Sie das Bettlaken in der Hälfte zu einem Dreieck und rollen Sie es dann von unten nach oben auf.

Binden Sie die Enden mit einem Kreuzknoten zusammen:

- Rechts über links und drunter durch, links über rechts und drunter durch.
- Ziehen Sie die beiden rechten Enden von den beiden linken Enden weg, um sie zu straffen.
- Achten Sie darauf, dass auf beiden Seiten ein Überstand von mindestens 15 cm bleibt.

Legen Sie das Dreieck auf den Boden und stellen Sie sich darüber, sodass eine der Ecken (nicht der Knoten) zwischen Ihren Beinen liegt.

Dies ist „Punkt 1“ . Sie schauen vom Rest des Dreiecks weg.

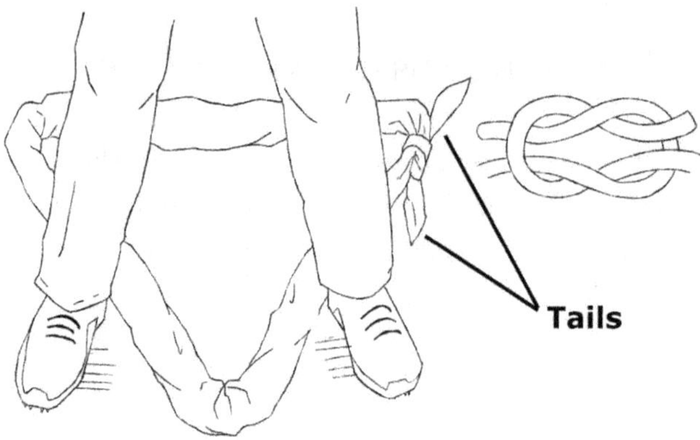

Ziehen Sie den Gurt so hoch, dass Punkt 1 vorne zwischen Ihren Beinen liegt und die beiden anderen Punkte sich mit ihm treffen.

Als Nächstes brauchst du ein „Seil" . Ein Kingsize-Bettlaken reicht für ein Stockwerk. Die Gesamtlänge sollte etwas kürzer sein als die Höhe, in der du dich befindest. Wenn du fällst, bleibst du so über dem Boden hängen.

Binden Sie ein Ende an etwas, das mindestens eine der folgenden Eigenschaften hat:

- Dauerhafte Befestigung.
- Größer als das Fenster und bricht nicht unter deinem Gewicht.
- Sehr schwer.

Binden Sie die Laken mit quadratischen Knoten zusammen (wie oben beschrieben) und ziehen Sie dann das freie Ende durch alle drei Schlaufen Ihres Gurtes.

Legen Sie zwischen das Seil und alle Stellen, an denen Reibung entsteht, z. B. die Fensterbank, eine Unterlage, z. B. ein Kissen oder ein Handtuch.

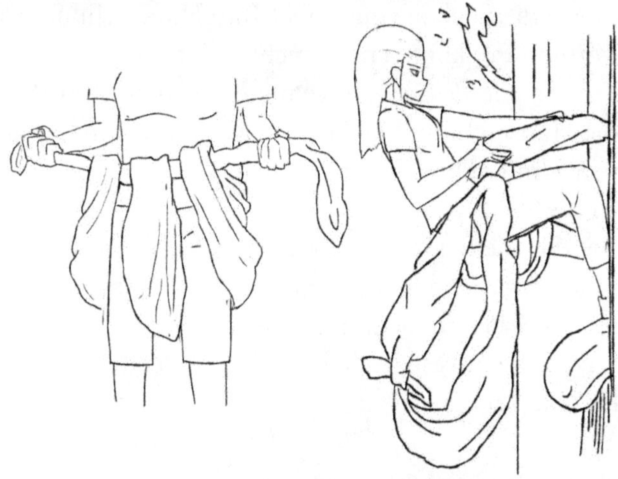

Gehen Sie rückwärts die Wand hinunter, indem Sie das Seil mit den Händen festhalten. Sie können dies auch ohne den Gurt tun, aber es ist nicht so sicher. Wenn Sie vor einem Feuer fliehen, machen Sie die Laken vor dem Anbinden nass und achten Sie darauf, dass der Anker nicht leicht entflammbar ist.

Prusiks

Eine weitere Möglichkeit, sich in Sicherheit zu bringen, ist die Verwendung von Prusiks. Prusiks sind kleine Seilschlaufen, die Sie an einem Seil befestigen und damit hoch- oder herunterklettern können. Man kann sie allein oder als zusätzliche Sicherung beim Abseilen verwenden.

Sie funktionieren, weil sich die Prusiks nach oben bewegen lassen, sie aber nicht verrutschen, wenn Druck nach unten ausgeübt wird.

Machen Sie vier geschlossene Schlingen. Zwei für die Füße und zwei für die Hände. Wenn Sie keine anderen Knoten kennen, verwenden Sie quadratische Knoten wie oben beschrieben. Andere mögliche Knoten, die zuverlässiger sind, sind der doppelte Fischerknoten oder der Achterknoten.

Befestigen Sie die Schlaufen mit einem Prusikknoten am Seil:

- Legen Sie die Schlaufe quer über Ihre Hauptschnur, wobei der Verbindungsknoten nach rechts zeigt.
- Wickeln Sie die Prusikschlinge mit der verknoteten Seite um die Hauptschnur. Machen Sie das mindestens zweimal. Je mehr Umwicklungen Sie machen, desto mehr Reibung haben Sie.
- -Ziehen Sie die Schlaufen fest. Achten Sie dabei darauf, dass alle Schnüre sauber nebeneinander liegen. Achten Sie darauf, dass sie sich nicht überlappen/überkreuzen.
- Achten Sie beim Festziehen darauf, dass der Knoten nahe an der Hauptschnur liegt.

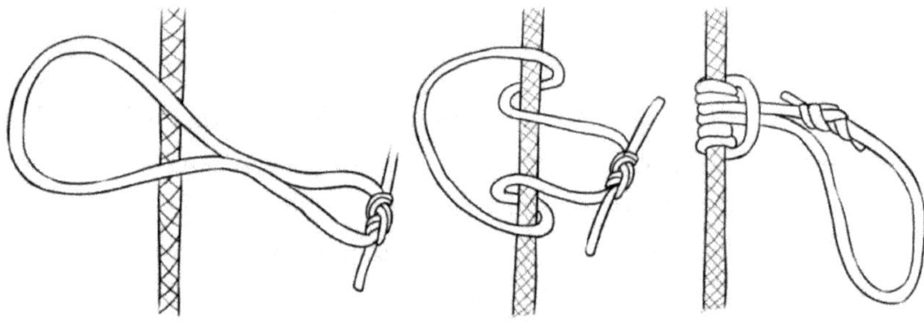

Sobald die Prusiks auf dem Seil sind, stellen Sie Ihre Füße in die unteren beiden Schlaufen und halten sich mit den Händen an den oberen fest. Ziehen Sie sich mit den Händen an den oberen Prusikschlaufen so hoch wie möglich und ziehen Sie sich dann hoch. Ziehen Sie sich mit den Beinen an den unteren Prusikschlaufen so hoch wie möglich. Stehen Sie auf, während Sie die oberen Prusikschlingen wieder nach oben schieben. Wiederholen Sie diesen Vorgang nach Bedarf.

Obwohl es weniger sicher ist, können Sie dies auch mit zwei Prusiks (z. B. Schnürsenkeln) tun, wenn Sie nur diese zur Verfügung haben. Verwenden Sie einen als Handgriff und einen als Fußgriff.

Die obigen Informationen wurden aus dem Buch *Emergency Roping and Bouldering* übernommen.

www.SFNonFictionbooks.com/Foreign-Language-Books

In einen Müllcontainer springen

Ein Sprung aus dem Fenster in einen Müllcontainer ist der letzte Ausweg, denn es kann viel schiefgehen. Um dies zu tun, ohne sich ernsthaft zu verletzen, brauchen Sie:

- Etwas relativ Weiches (z. B. Pappe), auf dem man im Müllcontainer landen kann.
- Sie müssen das Ziel genau treffen.
- Sie müssen flach auf dem Rücken landen. Wenn Sie auf dem Bauch landen, kann das zu einem gebrochenen Rücken führen, da Ihr Körper beim Aufprall ein V bilden wird.

Zielen Sie beim Sprung auf die Mitte des Müllcontainers. Achten Sie darauf, dass Sie an allen Hindernissen vorbeispringen und nicht über den Müllcontainer hinausschießen. Ziehen Sie beim Fallen den Kopf ein und bringen Sie die Beine nach vorn, damit Sie auf dem Rücken landen.

UNAUFFÄLLIGE FORTBEWEGUNG

Bei der getarnten Bewegung geht es darum, sich unbemerkt zu bewegen. Dazu müssen Sie allen Sinnen Ihrer Entführer/Verfolger und deren Hilfsmitteln (z. B. Hunden) ausweichen.

BEOBACHTUNG

Wenn Sie sich bewegen, ist ständige Beobachtung mit allen Sinnen erforderlich. Auch wenn Sie anhalten, müssen Sie weiter beobachten. Behalten Sie den Feind und/oder alle Hindernisse im Blick, damit Sie abwägen können, wie und wann Sie sich weiterbewegen können.

Gelände absuchen

Verwenden Sie diese Methode, um von einer stationären Position aus nach Anzeichen für Ihren Feind oder nach anderen Dingen zu suchen, nach denen Sie suchen möchten. Es ist hilfreich, wenn Sie wissen, wonach Sie Ausschau halten (bestimmte Ausrüstung, Menschen, Hunde, Fahrzeuge usw.).

Teilen Sie das Gelände in drei Bereiche ein: nah, mittel und fern. Scannen Sie jeden Bereich von rechts nach links. Beginnen Sie mit dem nahen Bereich, und arbeiten Sie sich systematisch vor.

Von rechts nach links ist besser als von links nach rechts, denn wir lesen von links nach rechts und übersehen eher Dinge, wenn wir dieser Gewohnheit folgen. Die horizontale Abtastung ist besser als die vertikale, da Sie auf diese Weise nicht ständig die Entfernung und den Maßstab anpassen müssen.

Wenn Sie auf Bereiche stoßen, in denen sich eher etwas verstecken könnte, nehmen Sie sich etwas mehr Zeit für die Suche und suchen Sie nicht nur nach ganzen Objekten, sondern auch nach Teilen davon. Es kann sein, dass Dinge hinter etwas versteckt sind, aber Teile von ihnen noch sichtbar sind.

Schauen Sie durch Sichtblenden, z. B. durch die Vegetation. Wenn Sie weiter sehen wollen, machen Sie eine kleine Kopfbewegung.

Tipps für das Sehen in der Dunkelheit

Es dauert 30 Minuten, bis sich Ihre Augen vollständig an die Dunkelheit gewöhnt haben (Nachtsicht), und Sie brauchen zumindest ein wenig Umgebungslicht von einer Lichtquelle wie dem Mond.

Sobald sich Ihre Augen an die Dunkelheit gewöhnt haben, müssen Sie sie schützen. Ein Lichtblitz kann Ihre Nachtsicht in einer Sekunde ruinieren. Wenn Sie einen hellen Bereich beobachten wollen, decken Sie ein Auge ab, um es zu schützen, während Sie mit dem anderen Auge suchen.

Selbst mit vollständiger Nachtsicht sind Objekte in der Dunkelheit schwerer zu erkennen. Wenn Sie neben sie schauen, werden Sie deutlicher. Es hilft auch, den Blickwinkel alle paar Sekunden zu ändern (nach oben, unten, zur Seite).

Die Dinge scheinen sich zu bewegen. Vergewissern Sie sich mit der Klebefinger-Methode, dass sie stillstehen. Strecken Sie einen Finger vor sich aus und „kleben" Sie ihn an ein Objekt.

Wenn Sie zusätzliches Licht zum Sehen brauchen (z. B. beim Lesen einer Karte), verwenden Sie rotes oder blaues Licht. Es beeinträchtigt Ihre Nachtsicht nur minimal und ist für den Feind schwieriger zu erkennen. Verlassen Sie sich nicht nur auf Ihr Sehvermögen. Geräusche, Geruch und Tastsinn können Ihnen viele Dinge verraten.

Das Gehör ist der zweitbeste Sinn des Menschen, und man kann oft Dinge hören, die man nicht sehen kann. Bleiben Sie ruhig stehen, öffnen Sie den Mund ein wenig und drehen Sie Ihr Ohr in die Richtung, in die Sie hören wollen.

Der Wind kann Gerüche ziemlich weit tragen, und manche Gerüche, wie der von gekochtem Essen oder Rauch, sind für Menschen sehr charakteristisch. Richten Sie Ihre Nase in den Wind und riechen Sie wie ein Hund, indem Sie viele kleine Schnüffelzüge machen. Konzentrieren Sie sich auf das Innere Ihrer Nase und versuchen Sie herauszufinden, was der Geruch ist.

Wenn Sie überhaupt nichts sehen können, ist es sicherer, still versteckt zu bleiben, bis es hell wird, aber unter bestimmten Umständen müssen Sie sich bewegen. In diesem Fall müssen Sie Ihren Weg ertasten. Bewegen Sie sich langsam und testen Sie jede Bewegung.

Heben Sie die Füße hoch, damit Sie die besten Chancen haben, Hindernisse zu überwinden, aber achten Sie darauf, dass Sie nicht das Gleichgewicht verlieren. Strecken Sie Ihre Hände vor sich aus, um nach Hindernissen zu tasten. Fühlen Sie mit dem Handrücken nach Dingen, die scharf oder heiß sind. So schützen Sie die Innenseite Ihrer Hand und die Arterien in Ihrem Arm.

DECKUNG UND VERSTECKEN

Deckung und Verstecken sind zwei verschiedene Dinge. Beide sind nützlich für die Tarnung.

Unter Deckung versteht man alles, was sich zwischen Ihnen und Ihrem Feind befindet und Sie vor Blicken schützt. Die Vegetation ist ein gutes Beispiel für eine Tarnung. Je mehr davon zwischen Ihnen und dem Feind liegt, desto schwieriger wird es für ihn, Sie zu sehen.

Eine Deckung verbirgt Sie vor Blicken, kann aber auch Kugeln abhalten. Viele feste Gegenstände eignen sich nicht als Deckung. Kugeln gehen direkt durch Holzzäune, Autotüren, Fenster usw.

Fester Beton, dickes Metall, Vertiefungen in der Erde und große Bäume bieten Ihnen viel bessere Chancen auf Deckung. Je stärker die Waffe (oder die Explosion) ist, desto dicker muss die Deckung sein.

Wenn Ihr Feind versucht, Sie zu erschießen, suchen Sie Deckung. Wenn er Sie nur finden will, reicht Verstecken aus.

Wenn Sie sich bewegen, gehen schnell von Deckung (oder Versteck) zu Deckung und halten Sie an jeder Stelle an, um zu beobachten. Vergewissern Sie sich, dass Sie die nächste Deckung oder das nächste Versteck kennen, bevor Sie den aktuellen Ort verlassen.

CAMOUFLAGE

Ein gutes Verständnis der Tarnungsprinzipien hilft dir in allen Bereichen der unauffälligen Fortbewegung. Die meisten dieser Dinge hängen miteinander zusammen. Nutze sie in Kombination, um die besten Ergebnisse zu erzielen.

Form

Die menschliche Form ist unverwechselbar, aber es gibt Möglichkeiten, sie zu entstellen. Sie können sich zum Beispiel lokale Vegetation anheften oder die Körperhaltung anpassen.

Größe

Je größer etwas ist, desto leichter ist es zu erkennen und desto schwieriger ist es, es zu verstecken. Sie können sich kleiner machen, indem Sie sich tiefer auf den Boden setzen und/oder seitlich stehen, um ein schlankeres Profil zu erhalten.

Umriss

Wenn sich ein Objekt von einem einfarbigen Hintergrund abhebt, ist dies sein Umriss oder auch Silhouette. Dies ist besonders auffällig, wenn sich ein dunkles Objekt vor einem hellen Hintergrund befindet oder umgekehrt. Beispiele für einfarbige Hintergründe in der Natur sind der Himmel und das Meer.

Einem aufmerksamen Beobachter genügt schon ein geringer Schattenunterschied, um eine Silhouette zu erkennen. Beispielsweise erzeugt schwarze Kleidung bei Nacht einen stärkeren Kontrast als dunkelblaue Kleidung.

Um Ihre Silhouette zu minimieren, halten Sie sich in der Nähe des Bodens auf und/oder senken Sie Ihr Körperprofil.

Farbe und Textur

Jede Umgebung hat bestimmte Farben und Oberflächen, und wenn Sie diese nicht imitieren, fallen Sie auf.

Kontrastreiche Farben, wie helles Haar im Wald oder schwarze Kleidung im Schnee, stechen stärker hervor.

Texturen können steinig, blättrig, glatt usw. sein.

Verzerren Sie Ihre Farbe und Textur und die Ihrer Ausrüstung mit Dingen wie Schlamm, Vegetation, Holzkohle oder Stoff. Berücksichtigen Sie die Tiefen der Merkmale. Verwenden Sie hellere Farben für schattige Bereiche (um die Augen herum und unter dem Kinn) und dunklere Farben für Merkmale, die stärker hervorstechen (Stirn, Nase, Wangenknochen, Kinn und Ohren).

Achten Sie bei der Verwendung von Vegetation darauf, dass Farbe und Textur der Vegetation mit dem Gelände übereinstimmen, wenn Sie sich bewegen, denn die Vegetation wird sich verändern und die Blätter werden welken.

Wenn Sie sich schnell verstecken müssen, legen Sie sich flach hin und bedecken Sie sich mit Laub.

Glanz und Reflexion

Unter Glanz versteht man alles, was Licht reflektiert, auch fettige Haut. Ein Feind kann Glanz aus großer Entfernung erkennen, wenn der Winkel des Lichts richtig ist.

Bedecken Sie Glas, Metall und alles andere, was glänzt (Reißverschlüsse, Schnallen, Schmuck, Ziffernblätter von Uhren usw.), ganz gleich wie klein es ist.

Wenn Sie eine Brille tragen müssen, beschichten Sie die Außenseiten der Gläser mit einer dünnen Staubschicht, um die Lichtreflexion zu verringern.

Aus der Ferne ist die Reflexion nicht so schlimm, aber sie kann Sie verraten, wenn Sie unvorsichtig sind. Vermeiden Sie Spiegel, Glas und alles, was eine Reflexion verursacht. Halten Sie sich außerhalb des Reflexionsbereichs auf, indem Sie sich z. B. unter Spiegeln ducken.

Licht und Schatten

Vermeiden Sie es, sich in der Nähe von Licht zu bewegen und dieses zu nutzen, um so viel wie möglich zu sehen, vor allem in der Nacht.

Wenn Sie sich unter oder in der Nähe von Licht bewegen, sind Sie besser sichtbar und werfen Ihren Schatten. Dieser kann Sie verraten, auch wenn der Rest von Ihnen verborgen ist. Achten Sie immer darauf, wohin Ihr Schatten fällt, und denken Sie daran, dass sich die Richtung des Schattens mit der Bewegung der Sonne oder anderen Lichtveränderungen ändert.

Schalten Sie Lichter aus (lösen Sie Sicherungen aus oder zerbrechen Sie Glühbirnen), wenn dadurch Ihre Position nicht verraten wird.

Die äußeren Ränder des Schattens sind heller und die tieferen Teile sind dunkler. Halten Sie sich wenn möglich in den dunkleren Teilen des Schattens auf.

Ihre Silhouette kann im helleren Schatten immer noch zu sehen sein, halten Sie sich also niedrig und still, bis Sie sich bewegen müssen.

Wenn Sie eine Taschenlampe verwenden müssen, decken Sie den Kopf der Lampe mit der Hand ab. Wenn möglich, verwenden Sie einen farbigen Objektivfilter.

Lärm

Wenn Sie sich einem Feind nähern, müssen Sie auf die Geräusche achten, die Sie machen. Je langsamer Sie sich bewegen, desto leiser können Sie sein.

Achten Sie darauf, dass Sie nichts bei sich tragen, das klappert, bimmelt, vibriert, klingelt oder läutet. Wenn möglich, springen Sie auf und ab und achten Sie auf jedes Geräusch, das Sie machen, und sichern Sie alles, was Lärm erzeugt.

Wenn Sie die Wahl haben, halten Sie sich auf ruhigeren Oberflächen auf, z. B. auf nackter Erde, flachem Beton, nassem Laub und großen Steinen.

Passen Sie Ihre Bewegungen den Umgebungsgeräuschen an (vorbeifahrender Verkehr, bellende Hunde, Regen oder Windböen), um ihre eigenen Geräusche zu verbergen.

Wenn Sie ein Geräusch hören, das Ihr Feind sein könnte, bleiben Sie stehen und beobachten Sie. Gehen Sie zu Boden oder in Deckung, wenn Sie das können, ohne entdeckt zu werden.

Nutzen Sie Geräusche und Bewegungen, um einen Gegner abzulenken. Werfen Sie zum Beispiel etwas in die entgegengesetzte Richtung, in die Sie gehen wollen, damit sich die Aufmerksamkeit des Gegners darauf richtet.

Legen Sie kleine Gegenstände ab, indem Sie den Gegenstand zuerst in Ihre Handfläche legen und dann vorsichtig hinunterlassen.

Geruch

Menschen haben bestimmte Gerüche (Seife, Essen, Körpergeruch). Tun Sie Folgendes, um Ihren Geruch zu vermindern:

- Waschen Sie sich und Ihre Kleidung ohne Seife.
- Vermeiden Sie stark riechende Lebensmittel wie solche mit Knoblauch und Gewürzen.
- Verzichten Sie auf alles, was unnatürlich riecht, wie Eau de Cologne, Tabak oder Kaugummi.
- Reiben Sie Ihre Kleidung mit aromatischen Pflanzen (z. B. Kiefernnadeln) aus Ihrer Umgebung ein.

Seien Sie aufmerksam, wenn Sie Anzeichen für menschliche Gerüche wahrnehmen, wie Feuer, Benzin oder gekochtes Essen.

Halten Sie sich möglichst in Windrichtung Ihres Gegners auf, vor allem, wenn dieser Hunde einsetzt.

ARTEN DER FORTBEWEGUNG

Wenn Sie Feinde umgehen, müssen Sie einen Kompromiss zwischen Tarnung und Geschwindigkeit eingehen. Für welche Variante Sie sich entscheiden, hängt von den jeweiligen Umständen ab, aber im Allgemeinen gilt: Je näher Sie sich Ihrem Feind sind, desto getarnter müssen Sie vorgehen.

Für maximale Tarnung sollten Sie sich langsam und niedrig bewegen. Je niedriger Sie sind, desto schwerer sind Sie zu sehen.

Je langsamer Sie sind, desto weniger ziehen Sie die Blicke auf sich und desto weniger Lärm machen Sie.

Wenn der Feind nahe ist, gehen Sie so niedrig und langsam wie möglich. Wenn er in Ihre Richtung schaut, bleiben Sie stehen. Je weiter du dich entfernst, desto schneller können Sie sich bewegen.

Wenn Sie zu Fuß unterwegs sind, gibt es vier grundsätzliche Möglichkeiten, sich zu fortzubewegen.

Gehen

Gehen ist ein guter Kompromiss zwischen Geschwindigkeit und Tarnung. Sie können Ihre Geschwindigkeit je nach Bedarf steuern und leicht vom Gehen in andere Positionen wechseln, z. B. in einen Lauf übergehen oder in die Hocke gehen.

Die Grundprinzipien des Stealth-Walking gelten für alle Arten von Bewegungen.

Um so leise wie möglich zu gehen, verlagern Sie Ihr ganzes Gewicht auf einen Fuß und heben Sie den anderen Fuß hoch genug, um Hindernisse zu überwinden, aber nicht so hoch, dass Sie das Gleichgewicht verlieren. Kleine Schritte sind leichter zu kontrollieren.

Testen Sie den Boden, indem Sie vorsichtig mit der Außenkante des Fußballens Ihres vorderen Fußes auf den Boden drücken. Wenn der Schritt Geräusche macht - wenn Sie zum Beispiel auf einen Zweig treten - testen Sie einen anderen Bereich. Auf lockerem Boden, der z. B. mit Laub bedeckt ist, können Sie Ihre Füße unter das Laub stellen.

Wenn Sie eine ruhige Stelle gefunden haben und bereit sind, weiterzumachen, rollen Sie auf den Innenballen Ihres Fußes, dann auf die Ferse und schließlich auf die Zehen. Verlagern Sie Ihr Gewicht auf den vorderen Fuß, achten Sie darauf, dass Sie das Gleichgewicht halten, und wiederholen Sie den Vorgang mit dem hinteren Bein.

Auf hartem, geräuschvollem Boden kommt es vor allem auf die Muskelkontrolle an. Je langsamer Sie gehen, desto mehr Kontrolle haben Sie über Ihre Muskeln und desto ruhiger können Sie sein. Sie sollten in der Lage sein, in jeder Phase der Bewegung anzuhalten und Ihre Position so lange wie nötig zu halten.

Halten Sie Ihre Arme und Hände dicht am Körper und achten Sie darauf, dass sie nirgendwo anstoßen.

Achten Sie beim Gehen auf eine entspannte, normale Atmung. Das fördert die Natürlichkeit der Bewegung und verhindert, dass Sie nach Luft schnappen, wenn Sie einen Fehltritt machen oder das Gleichgewicht verlieren.

Wickeln Sie, wenn möglich, ein Tuch um Ihre Füße, um Geräusche zu dämpfen.

Auf dem Bauch kriechen

Dies ist die unauffälligste Art, sich fortzubewegen, weil Sie so das niedrigste Profil haben.

Rutschen Sie nicht auf dem Bauch. Das hinterlässt zu viele Spuren und verursacht Geräusche. Machen Sie stattdessen mit den Händen und Zehen einen Liegestütz, bei dem Sie Ihren Körper nach vorne bewegen. Lassen Sie sich auf den Boden sinken, heben Sie die Hände wieder in die Liegestützposition und wiederholen Sie die Bewegung.

Krabbeln

Wenn Sie auf Händen und Knien krabbeln, testen Sie den Boden mit den Händen, bevor Sie Ihr Gewicht einsetzen. Setzen Sie Ihre Knie genau an der Stelle auf, an der Ihre Hände waren.

Laufen

In der Hocke zu rennen ist eine gute Möglichkeit, kurze Strecken zu überwinden, ohne dass jemand zuschaut. Mit dieser Technik kannst du zum Beispiel an einem Wachmann vorbeikommen, der dir gerade den Rücken zuwendet.

In einen vollen Lauf überzugehen ist keineswegs unauffällig, aber es ist der schnellste Weg, um Abstand zu gewinnen, was für das Ausweichen wichtig ist. Sobald Sie sicher sind, dass Sie außer Sichtweite sind, oder wenn Sie definitiv entdeckt wurden, nehmen Sie volle Fahrt auf.

WACHHUNDE VERMEIDEN

Wenn Sie fliehen, müssen Sie möglicherweise an Wachhunden vorbeikommen.

Sie müssen alle Vorsichtsmaßnahmen treffen, die Sie auch beim Verstecken vor Menschen treffen würden, aber Sie müssen sich auch um den verstärkten Geruchs- und Hörsinn der Hunde kümmern.

Nutzen Sie Hindernisse wie Unterholz, um Ihren Geruch zu verbergen, und bewegen Sie sich windabwärts.

Wenn Sie sich aus einem Gebiet nähern, von dem Sie wissen, dass sich dort auch andere Menschen aufhalten, kann das einen Hund ebenfalls täuschen, da er daran gewöhnt ist, dass Menschen aus dieser Richtung kommen.

Ausschalten von Hunden

Es gibt mehrere Möglichkeiten, einen Hund auszuschalten.

Wenn ein Hund schlecht trainiert ist, kann es funktionieren, ihm Futter zu geben. Wenn möglich, geben Sie Schlaftabletten (oder ein anderes Betäubungsmittel) in das Futter.

Das Mitführen eines improvisierten Abschreckungsmittels für Hunde ist eine gute Reserve für den Fall, dass er Sie angreift.

Einige Möglichkeiten sind:

- 50/50 Wasser mit Ammoniak. Reinigungsmittel sind oft auf Ammoniakbasis.
- Eine umgedrehte Druckluftdose (Tastaturreiniger). Sie muss kopfüber gehalten werden, um den Gefriereffekt zu erzielen.
- Bienen-/Wespenvernichter. Dieses Mittel verursacht dauerhafte Schäden.
- Bärenspray.

Eine letzte Möglichkeit ist, ihn zu töten. Ein Kampf mit einem Hund ist nicht einfach. Rechnen Sie damit, verletzt zu werden.

- Polstern Sie mindestens einen Arm mit Pappe oder anderem Material.
- Wenn er auf Sie zu rennt, bieten Sie ihm Ihren gepolsterten Arm an.
- Sobald er Ihren Arm hat, stechen Sie ihm in den Bauch, entweder von hinten oder von vorne.
- Wenn Sie kein Messer haben, schlagen Sie ihm wiederholt mit einem harten Gegenstand, z. B. einem Ziegelstein, den Schädel ein.

Der Versuch, einen Hund zu töten, wenn Sie unbewaffnet sind, ist schwierig, aber nicht unmöglich.

- Sobald er Ihren Arm hat, zwingen Sie den Arm so weit wie möglich in sein Maul.
- Üben Sie weiter Druck nach vorne aus, bis der Hund auf dem Rücken liegt.
- Würgen Sie ihn zu Tode, indem Sie den knöchernen Teil Ihres anderen Unterarms an seine Kehle legen und sich so fest wie möglich darauf stützen.
- Vergewissern Sie sich, dass er tot ist. Wenn er bewusstlos ist und aufwacht, kann er dich wieder angreifen.

Wenn es nicht möglich ist, ihn zu erwürgen, oder wenn Sie einen Hund nur abwehren, aber nicht töten wollen, greifen Sie seine Schwachstellen an.

Wenn Sie ihn genug verletzen, wird er sich wahrscheinlich zurückziehen.

- Treten Sie ihm in die Rippen.
- Reißen Sie seine Vorderbeine auseinander, um seine Knie zu brechen.

- Stechen Sie ihm mit den Fingern in die Augen.
- Treten Sie ihm in die Leistengegend.
- Geben Sie ihm einen harten Schlag auf die Nase.

HINDERNISSE ÜBERWINDEN

Hindernisse sind alle Dinge, die Ihre Fortbewegung verlangsamen, und/oder Orte, an denen Sie eher gesehen werden.

Vermeiden Sie Hindernisse, wann immer dies möglich ist, insbesondere solche, die an sich schon gefährlich sind. Die einzige Ausnahme ist die Bewegung bei Nacht. Es ist besser, sich nachts zu bewegen, es sei denn, das Gelände lässt es nicht zu.

Beobachten Sie ein Hindernis aus der Ferne, bevor Sie es überqueren. Suche nach dem besten Weg und dem besten Zeitpunkt für die Bewegung.

Bei der Tarnung gibt es eine Reihenfolge, wie man Hindernisse am besten überquert. Welche Sie wählen, hängt von der Schwierigkeit der Überquerung und dem Zeitfaktor ab.

- **Drumherum**. Wenn kein zusätzliches Risiko besteht (z. B. Licht, Zeit).
- **Drunterdurch**. Graben, oder den Boden anheben.
- **Direkt hindurch**. Finden Sie eine Schwachstelle und schneiden ein Loch, falls nötig.
- **Darüber**. Überqueren Sie das Hindernis schnell und halten Ihr Profil so niedrig wie möglich. Um Verletzungen zu vermeiden, landen Sie auf zwei Füßen und rollen Sie sich ab, wenn nötig.

Nacht

Wenn Sie sich nachts bewegen, müssen Sie einen Kompromiss zwischen dem einfachsten und dem sichersten Weg finden.

Vermeiden Sie die Verwendung von Licht, insbesondere von weißem Licht. Prägen Sie sich Ihre Route ein, damit Sie möglichst selten auf Ihre Karte zurückgreifen müssen.

Ein Halbmond bietet eine gute Lichtmenge für eine getarnte Bewegung. So können Sie sehen, wohin Sie gehen, und bleiben dennoch verborgen.

Treppen

Bewegen Sie sich an den Rändern der Treppe, die der Wand am nächsten sind. Die Mitte wird mehr Lärm machen.

Um Ecken Herum

Legen Sie sich flach hin und schauen Sie um die Ecke. Entblößen Sie sich nicht mehr als nötig.

Fenster und Spiegel

Bleiben Sie dicht an der Seite des Gebäudes und gehen Sie unterhalb der Höhe des Fensters/Spiegels vorbei.

Drahtzäune/Hindernisse

Vergewissern Sie sich, dass die Zäune nicht unter Strom stehen oder mit anderen Sicherheitsvorrichtungen versehen sind. Achten Sie auf:

- Warnschilder.
- Blanke Drähte, die in Isolatoren münden.
- Kleine, tote Tiere.

Um einen Draht zu unterqueren, rutschen Sie auf dem Rücken liegend mit dem Kopf voran, indem Sie sich mit den Fersen nach vorne abstoßen. Legen Sie ein Holzstück (oder etwas Ähnliches) der Länge nach auf Ihren Körper, damit der Draht daran entlang gleitet. Fühlen Sie mit der freien Hand nach vorne, um den nächsten Draht zu finden, falls es einen gibt.

Wenn es nicht möglich ist, darunter zu gehen, versuchen Sie es mit einem Durchgang. Schneiden Sie zuerst die unteren Drähte durch, damit es weniger offensichtliche Anzeichen für einen Übertritt gibt. Halten Sie dazu den Draht in der Nähe seiner Halterung und schneiden Sie zwischen Ihrer Hand und der Halterung. Diese Technik verhindert auch, dass die Enden wegfliegen.

Noch geräuschärmer ist es, wenn Sie den Draht teilweise durchschneiden und ihn anschließend hin und her biegen. Falls erforderlich, befestigen Sie den Draht, um Platz zum Durchkriechen zu schaffen.

Wenn es ein niedriges Drahthindernis gibt, steigen Sie vorsichtig darüber. Um über höhere Hindernisse zu klettern, suchen Sie sich Halt in der Nähe der Stützpfosten.

Bei Stacheldraht ist besondere Vorsicht geboten. Decken Sie den Draht vor dem Überklettern mit einem flachen, schweren Material ab, z. B.:

- Teppich.
- einer dicken Decke.
- Mehrere Lagen Pappe.

NATO-Draht ist sehr gefährlich. Wenn Sie absolut keine andere Wahl haben, verwenden Sie einen gebogenen Stock, um den Draht flach zu ziehen, und decken Sie ihn mit schwerem Material ab, bevor Sie hinüberklettern.

Feste Mauer

Wenn Sie nicht um sie herum, unter ihr hindurch oder durch sie hindurch gehen können, suchen Sie sich eine niedrige Stelle zum Überklettern.

Testen Sie die Stabilität der Mauer, indem Sie sie anfassen und leicht nach unten ziehen. Steigern Sie allmählich die Kraft, bis Sie Ihren Körper vom Boden abheben.

Prüfen Sie, ob die andere Seite frei ist (wenn möglich), und wenn ja, rollen Sie so schnell wie möglich über die Wand.

Wie Sie hohe Wände hochlaufen und andere Hindernisse überwinden können, erfahren Sie in *Essential Parkour Training*:

www.SFNonFictionbooks.com/Foreign-Language-Books

Offene Bereiche

Offene Flächen sind solche, die wenig oder keine Deckung haben, wie z. B. Grasflächen. Überqueren Sie sie nur, wenn es keinen anderen praktischen Ausweg gibt.

Um offene Flächen zu überqueren, wählen Sie den tiefstmöglichen Boden (z. B. Furchen) und senken Sie Ihr Profil so weit wie möglich ab. Wägen Sie zwischen Geschwindigkeit und der Notwendigkeit, sich zu verbergen, ab.

Versuchen Sie, sich im Gras zu bewegen, wenn der Wind weht, und ändern Sie beim Überqueren von Zeit zu Zeit leicht die Richtung. Dies hilft, den Weg Ihrer Bewegung zu verdecken.

Straßen, Wanderwege und Bahngleise

Bewegen Sie sich in einer verdeckten Situation niemals entlang von Straßen. Nutzen Sie zum Überqueren enge Stellen mit wenig

Verkehr und Verstecken, um sich so wenig wie möglich zu exponieren (Büsche, Schatten, eine Kurve in der Straße, niedriger Boden usw.).

Überqueren Sie sie mit einem niedrigen Anlauf.

Seien Sie vorsichtig bei verkehrsarmen Stellen, da diese mit Sprengfallen versehen sein können.

Vorsicht! Wenn die Bahngleise drei Schienen haben, kann eine davon unter Strom stehen.

In öffentlichem, aber feindlichem Territorium

Vermeiden Sie den Kontakt mit den Einheimischen, insbesondere mit Kindern und Hunden. Umgehen Sie nach Möglichkeit belebte Gebiete.

Tun Sie Ihr Bestes, um nicht aufzufallen, bevor Sie einreisen. Tragen Sie einheimische Kleidung, bedecken Sie Ihre Haut, waschen Sie sich, usw.

Sprechen Sie nicht, es sei denn, Sie sprechen die Landessprache fließend. Schauen Sie stattdessen nach unten und gehen Sie an jedem vorbei, der versucht, Sie anzusprechen.

Brücken

Vermeiden Sie es, Brücken zu überqueren. Es ist besser, sie schwimmend zu überqueren. Sie können sich unter Wasser verstecken und ein Schilfrohr oder einen Strohhalm zum Atmen benutzen.

Wenn das Gewässer zu gefährlich ist, warten Sie auf einen günstigen Zeitpunkt und überqueren Sie die Brücke so schnell wie möglich.

Wenn Sie auf der Brücke gefangen sind und der Tod droht, springen Sie ins Wasser. Das ist sehr gefährlich, vor allem, wenn Sie die Tiefe des Wassers nicht kennen.

Versuchen Sie, in der Rinne zu landen, in der die Boote unter der Brücke durchfahren. Dieser Bereich befindet sich in der Regel in der Mitte, weg von der Uferlinie.

Halten Sie sich von allen Bereichen mit Pylonen fern, die die Brücke stützen. In diesen Bereichen können sich Trümmer ansammeln, auf die Sie beim Eintauchen ins Wasser treffen könnten.

Springen Sie mit den Füßen voran ins Wasser und halten Sie Ihren Körper ganz senkrecht. Drücken Sie die Füße zusammen, spannen Sie das Gesäß an und schützen Sie Ihren Schritt mit den Händen.

Spreizen Sie nach dem Eintauchen in das Wasser Ihre Arme und Beine weit und bewegen Sie sie hin und her, um Ihren Abstieg zu verlangsamen.

Verwandte Kapitel:

- Beobachtung

IMPROVISIERTE SPRENGSÄTZE

Ein improvisierter Sprengssatz ist eine selbstgebaute Bombe. Die improvisierten Sprengsätze in diesem Buch kommen mit minimaler Ausrüstung aus, damit Sie die besten Chancen haben, sie in Gefangenschaft oder zu Hause herzustellen.

Einige von ihnen sind nichts weiter als einfache wissenschaftliche Experimente. Sie sind gut geeignet, um Ablenkungen zu schaffen.

Andere sind dazu gedacht, einen Feind zu verletzen. Ich empfehle nicht, sie zu nutzen, aber es ist gut, sie zu kennen.

Beim Umgang mit Sprengstoffen ist Sicherheit das A und O. Tragen Sie immer Schutzkleidung und sorgen dafür, dass sich niemand - außer dem Feind - in der Gefahrenzone aufhält, wenn Sie sie zünden.

STREICHHOLZKOPFZÜNDER

Einige der improvisierten Sprengstoffe benötigen Zünder. Diese lassen sich leicht mit Toilettenpapier und Streichhölzern herstellen.

Verwende das Toilettenpapier, um eine Schnur herzustellen. Reißen Sie so dünne Streifen wie möglich. Falten Sie jeden Streifen der Länge nach in der Mitte und verdrehen Sie ihn.

Ziehen Sie nun Plastikhandschuhe an und kratzen Sie die Köpfe von den Streichhölzern ab. Zerkleinern Sie die Köpfe, damit keine großen Klumpen entstehen. Geben Sie eine kleine Menge Wasser auf die Streichholzköpfe und mischen Sie es nach und nach ein. Sie wollen eine dicke Paste - je glatter, desto besser.

Streichen Sie die Zündschnüre mit der Paste ein und lassen Sie sie trocknen. Bewahren Sie die trockenen Zündschnüre in einer Papiertüte auf, fern von Hitze und Feuer.

Ersatzmaterialien

Jede Schnur oder jedes Papier kann das Toilettenpapier ersetzen, funktioniert aber möglicherweise nicht so gut. Achten Sie darauf, dass die verwendete Schnur sauber ist und eine ähnliche Dicke wie die des Toilettenpapiers hat.

Du kannst Streichholzköpfe durch Schießpulver ersetzen. Dieses lässt sich aus Munition entnehmen.

Um ein improvisiertes Schießpulver herzustellen, mischen Sie Folgendes zusammen:

- 1 Teil Kaliumnitrat (zu finden in Düngemitteln).
- 1 Teil körniger Zucker.
- 2 Teile heißes Wasser.

ABLENKUNGSBOMBEN

Ablenkungsbomben sind einfach und relativ sicher herzustellen. Zünden Sie sie, und wenn die Wache(n) das Geräusch untersuchen, schlagen Sie zu.

Obwohl es sich technisch gesehen nicht um einen Sprengstoff handelt, ist ein Feuer auch eine gute Ablenkung.

Feuerstein-Blitz

Diese „Bombe" erzeugt einige kleine, aber helle Funken. Sie kann leicht übersehen werden, aber wenn sie sich im Blickfeld einer Wache befindet, wird diese sie sich wahrscheinlich genauer ansehen.

Um die Bombe herzustellen, benötigen Sie ein Einwegfeuerzeug und eine andere Feuerquelle.

Entfernen Sie den metallenen Flammenschutz von dem Einwegfeuerzeug. Nehmen Sie vorsichtig das Schlagrad ab und ziehen Sie den Feuerstein und die Feuersteinfeder heraus.

Drehen Sie ein Ende der Feder um den Feuerstein. Halten Sie den Feuerstein an der Feder in eine Flamme. Wenn er rotglühend ist, werfen Sie ihn auf eine harte Oberfläche. Die Funken entstehen bei der Berührung.

Feuerzeugbombe

Mit demselben Einwegfeuerzeug, aus dem Sie den Feuerstein haben, können Sie einen Krachmacher basteln.

Entfernen Sie den metallenen Flammenschutz und bewegen den Mechanismus zur Einstellung der Flamme, bis kontinuierlich Gas austritt. Schieben Sie ihn dazu ganz auf das „+". Ziehen Sie ihn nach oben und wieder zurück auf „-". Wiederholen Sie diesen Vorgang, um das Gasventil aufzuschrauben.

Wenn es undicht ist, hängen Sie es umgedreht auf und zünden Sie das Gas an.

Sobald die Flamme brennt, entzündet sich der Rest des Gases und es kommt zu einer kleinen Explosion. Dies geschieht normalerweise in weniger als einer Minute.

Achten Sie darauf, dass Sie nicht zu nahe sind, wenn es explodiert.

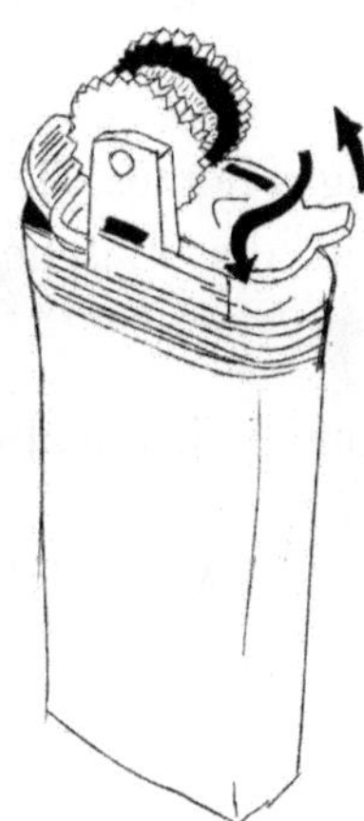

Einfacher chemischer Krachmacher

Dieser Krachmacher nutzt eine einfache chemische Reaktion, um Gas in einem geschlossenen Behälter freizusetzen. Wenn das unter Druck stehende Gas freigesetzt wird, erzeugt es einen ordentlichen Knall.

Sie benötigen:

- Eine kleine Plastikflasche mit Deckel (eine Wasser- oder Limonadenflasche ist gut geeignet).
- Ein kleines Papierquadrat (wie das Etikett einer Limonadenflasche).
- 1/4 Tasse Essig.
- 2 Esslöffel Backpulver.

Die Zutaten müssen nicht genau abgemessen werden. Je größer die Flasche ist, desto mehr Zutaten werden gebraucht.

Wickeln Sie das Backpulver in das Papier ein, sodass es innen versiegelt ist.

Gießen Sie den Essig in die Flasche und geben Sie dann das Backpulver hinein. Verschließen Sie die Flasche sofort und schütteln Sie sie. Warten Sie, bis sich die Flasche ein wenig ausdehnt, und werfen sie dann gegen etwas Hartes.

Um improvisiertes Tränengas herzustellen, schütten Sie Chilipulver und/oder roten Pfeffer in die Flasche, bevor Sie die anderen Zutaten hinzufügen.

Andere chemische Reaktionen, die Sie ausprobieren können, sind:

- Wasser + Alka Seltzer (ein Antazidum mit Brausetabletten).
- Cola + Mentos.

Works-Bombe

Hierbei handelt es sich um einen stärkeren chemischen Krachmacher, der auf demselben Prinzip beruht wie der vorherige (d. h. eine Plastikflasche, die mit einer Säure und einer reagierenden Base gefüllt ist). Sie erzeugt Wasserstoffgas, das leicht entflammbar ist.

Bei der Säure handelt es sich um Salzsäure. Sie ist in verschiedenen Haushaltsmitteln enthalten, wie z. B.:

- Toilettenreiniger oder Abflussreiniger
- Chemikalien zur Schwimmbadpflege (Salzsäure).
- Mauerwerksreiniger (Fliesenreiniger).

Wenn Sie die Wahl haben, wählen Sie das Mittel mit dem höchsten Anteil an Salzsäure, mindestens 20 %. Ein gängiges Produkt ist der Toilettenreiniger der Marke Works, daher der Name „ Works Bomb“.

Achten Sie darauf, dass Sie die Salzsäure nicht auf sich selbst verschütten. Benutzen Sie Handschuhe und eine Schutzbrille.

Verwenden Sie für die reagierende Base Aluminiumfolie.

Knüllen Sie mehrere kleine Alufolienkugeln locker zusammen und legen Sie in die Flasche. Bedecken Sie die Kugeln mit der Salzsäure und schrauben den Deckel wieder auf die Flasche. Rollen Sie die Flasche an die Stelle, an der die Explosion stattfinden soll. Sie können die Flasche auch ein paar Mal schütteln, sie abstellen und weglaufen.

Es kann einige Zeit dauern, bis sie explodiert, aber wenn sie explodiert, wird sie auf jeden Fall Aufmerksamkeit erregen. Um sie in Aktion zu sehen, suchen Sie auf YouTube nach „ Works Bomb“.

SICHTVERMINDERER

Die improvisierten Sprengstoffe in diesem Abschnitt sollen die Sehkraft Ihrer Entführer beeinträchtigen. Keiner dieser Sprengsätze ist explosiv, aber sie erfüllen ihren Zweck.

Mehlbombe

Diese Bombe funktioniert mit jeder Art von Mehl oder anderem feinen Pulver, z. B. Asche.

Wickeln Sie eine großzügige Menge Mehl in ein feuchtes Papiertuch. Benutzen Sie ein Gummiband, um es zusammenzuhalten. Wenn kein Papierhandtuch zur Verfügung steht, kann jedes beliebige Papier verwendet werden. Eine Plastikverpackung kann auch funktionieren, wenn sie nicht zu dick ist. Packen Sie es fest zusammen.

Werfen Sie das Bündel auf eine harte Oberfläche (oder auf jemanden), damit beim Aufprall eine große Mehlwolke entsteht.

Gekochte Rauchbombe

Für diese Rauchbombe benötigen Sie:

- Zucker.
- Kaliumnitrat/Salpeter (Düngemittel oder Schießpulver).
- Eine Bratpfanne
- Alufolie als Gussform (jede gewünschte Form).
- Eine Zündschnur (optional).

Geben Sie drei Teile Kaliumnitrat mit zwei Teilen Zucker in die Pfanne. Sie müssen nicht genau abmessen, aber Sie brauchen mehr Kaliumnitrat als Zucker. Je mehr Zucker, desto langsamer brennt es.

Stellen Sie die Pfanne auf niedrige Hitze und rühren Sie die Mischung mit langen Bewegungen, bis sie flüssig ist. Gießen Sie die

Mischung in Ihre Alufolienform und setzen Sie bei Bedarf eine Zündschnur ein.

Sobald die Mischung abgekühlt ist, die Folie abziehen. Wenn Sie den Sprengsatz verwenden möchten, zünden Sie die Lunte an. Wenn keine Zündschnur vorhanden ist, kann die Bombe auch direkt angezündet werden.

Ungekochte Rauchbombe

Für diese Rauchbombe benötigen Sie:

- 2 Teile Puderzucker
- 3 Teile Kaliumnitrat/Salpeter (Dünger oder Schießpulver).

Puderzucker und Kaliumnitrat zusammensieben. Zünden Sie das Pulver an, um Rauch zu erzeugen.

FEUERBOMBEN

Diese improvisierten Sprengstoffe sind auf Zerstörung ausgelegt und können großen Schaden anrichten.

Molotow-Cocktail

Diese klassische Brandbombe besteht aus einer Glasflasche, die mit etwas Brennbarem wie Schnaps oder Benzin gefüllt ist.

Jedes mit der brennbaren Flüssigkeit getränkte Tuch eignet sich gut als Zünder. Stecken Sie es fest in den Flaschenhals. Zünden Sie es an und werfen Sie die Flasche auf das, was Sie in Brand setzen wollen.

Improvisierte Brandbomben

Es gibt drei Möglichkeiten, eine leicht entzündliche, klebrige Flüssigkeit herzustellen - sozusagen das Napalm des armen Mannes.

Die Verwendung in einem Molotow-Cocktail ist eine gute Möglichkeit, sie einzusetzen. Verwenden Sie einen Trichter, um die Flüssigkeit in die Flasche zu füllen.

Mischen Sie eine der folgenden Kombinationen in einem alten Behälter. Seien Sie vorsichtig beim Umgang damit, damit Sie nichts abbekommen.

- 5 Tassen Benzin + 1 Tasse Öl + ein halbes Stück rasierte Seife.
- Styropor + Benzin. Verwende so viel Styropor, bis sich das Gas nicht mehr auflösen kann.
- 2 Teile Mehl + 1 Teil Benzin.

REFERENZEN

12PillarsOfSurvival.com. *Survival Stash.* 12PillarsOfSurvival.com.

Alton, J. (2016). *The Survival Medicine Handbook.* Doom and Bloom.

Auerbach, P. Constance, B Freer, L. (2018). *Field Guide to Wilderness Medicine.* Elsevier.

Carnegie, D. (2010). *How To Win Friends and Influence People.* Simon & Schuster.

Chesbro, M. (2002). Wilderness Evasion. Paladin Press.

Department of Defense. (2011). *U.S. Army Survival Manual: FM 21-76.* CreateSpace Independent Publishing Platform.

DOD United States Department of Defense. (2011). *Survival, Evasion, and Recovery.* Pentagon Publishing.

Emerson, C. (2016). *100 Deadly Skills: Survival Edition.* Atria Books.

Emerson, C. (2015). *100 Deadly Skills.* Atria Books.

Erickson, R. Erickson, R (2001). *Getaway: Driving Techniques for Escape and Evasion.* Breakout Productions.

Fiedler, C. (2009). *The Complete Idiot's Guide to Natural Remedies.* Alpha.

Goodwin, L. (2014). *Prepping A to Z: Book A.*

Goodwin, L. (2014). *Prepping A to Z The Book Series Book B.*

Goodwin, L. (2014). *Prepping A to Z The Book Series Book C.*

Goodwin, L. (2014). *Prepping A to Z The Book Series Book D.*

Goodwin, L. (2014). *Prepping A to Z The Book Series Book E..*

Goodwin, L. (2014). *Prepping A to Z The Book Series Book F.*

Hanson, J. *Don't Hide Valuables Here.* www.spyescapeandevasion.com.

Hanson, J. (2015). *Spy Secrets That Can Save Your Life.* TarcherPerigee.

Hanson, J. (2018). *Survive Like a Spy.* TarcherPerigee.

Hawke, M. Hawke, R. (2018). *Family Survival Guide.* Skyhorse.

Lieberman, D. (2018). *Never Be Lied to Again.* St. Martin's Press.

Luther, D. *The Prepper's Workbook.*

Miller, T. (2012). *Beyond Collapse.* CreateSpace Independent Publishing Platform.

Morris, B. (2019). *The Green Beret Survival Guide.* Skyhorse.

Nobody, J. (2011). *Holding Your Ground.* Elsevier.

Nobody, J. (2018). *The Prepper's Guide to Caches.* Prepper Press.

Robinson, C. (2012). *The Construction of Secret Hiding Places.* Desert Publications.

Terrill, B. Dierkers, G. (2005). *The Unofficial MacGyver How-To Handbook.* American International Press.

Voss, C. Raz, T. (2016). *Never Split the Difference.* Harper Business.

WA Police, SA. (2019). *Aids to Survival.*

Wiseman, J. (2015). *SAS Survival Guide.* William Collins.

United States Marine Corps. (2013). *United States Marine Corps Individual's Guide for Understanding and Surviving Terrorism.* United States Marine Corps.

US Marine Corps. *Kill or Get Killed.*

Yeager, W. (1990). *Techniques of the Professional Pickpocket.* Breakout Productions.

ÜBER SAM FURY

Sam Fury war schon als kleiner Junge, der in Australien aufwuchs, vom SERE- Training (Survival, Evasion, Resistance and Escape) begeistert.

Dies führte ihn zu jahrelangen Ausbildungen und Berufserfahrung in verwandten Bereichen wie Kampfsport, militärisches Training, Überlebenstechniken, Outdoor-Sport und nachhaltiges Leben.

Heutzutage verbringt Sam seine Zeit damit, seine bestehende Fähigkeiten zu verbessern, neue Fähigkeiten zu erlernen und das Gelernte über die Survival Fitness Plan Website weiterzugeben.

www.SurvivalFitnessPlan.com

amazon.com/author/samfury
goodreads.com/SamFury
facebook.com/AuthorSamFury
instagram.com/AuthorSamFury
youtube.com/SurvivalFitnessPlan

www.ingramcontent.com/pod-product-compliance
Lightning Source LLC
Chambersburg PA
CBHW062120020426
42335CB00013B/1032
* 9 7 8 1 9 2 2 6 4 9 8 4 3 *